魔法词典
AI 绘画关键词图鉴
Stable Diffusion 版

AIGC-RY 研究所 编著

人民邮电出版社

北京

图书在版编目（CIP）数据

魔法词典：AI绘画关键词图鉴：Stable Diffusion版 / AIGC-RY研究所编著. -- 北京：人民邮电出版社，2023.9（2024.3重印）
 ISBN 978-7-115-62100-9

Ⅰ．①魔… Ⅱ．①A… Ⅲ．①图像处理软件 Ⅳ．①TP391.413

中国国家版本馆CIP数据核字（2023）第119840号

内 容 提 要

AI绘画真的很香，可是关键词到底应该怎么写呢？对于很多爱好这一新奇技术的读者来说，苦于头脑中缺乏相关词汇，为了帮助大家便捷地使用AI绘画关键词，本书整理了一些当下流行的AI绘画关键词和较全面的关键词使用教程，按照人物类型、人物细节、面部细节、人物服饰和人物动作进行分类，每个分类下都详细讲解了此类关键词的英文名称、含义、图片效果示例、重点词语等。有效地掌握这些关键词，并且灵活地应用到AI绘画中，那么你就已经能够妙语生画了！

◆ 编　著　AIGC-RY 研究所
　责任编辑　王　铁
　责任印制　周昇亮

◆ 人民邮电出版社出版发行　北京市丰台区成寿寺路11号
　邮编　100164　电子邮件　315@ptpress.com.cn
　网址　https://www.ptpress.com.cn
　涿州市般润文化传播有限公司印刷

◆ 开本：700×1000　1/16
　印张：18.75　　　　　　　　　2023年9月第1版
　字数：410千字　　　　　　　　2024年3月河北第3次印刷

定价：99.80元

读者服务热线：**(010)81055296**　印装质量热线：**(010)81055316**
反盗版热线：**(010)81055315**
广告经营许可证：京东市监广登字 20170147 号

本书使用说明

❶	序号	每个章节依次排列的序号。
❷	名称	每个章节的名称。
❸	导语	以简洁的文字概要地介绍本章节的核心内容。
❹	内容介绍	详细介绍章节包含的内容。
❺	词语名称	每个词语的中文和英文名称。
❻	图片效果	输入该词语会出现的相关图片效果。
❼	词语解析	讲解每个词语包含的意义。
❽	提示词	达到图片效果所需的完整关键词。
❾	重点词语	关键词中的重点词语用红色标记出来,让读者一目了然。
❿	页码	每一页面上标明次序的数字,可供读者进行检索。

关键词使用方法

① 模型库　　　根据需求选择相应风格的模型库。

② 正向提示词　用文字（英文单词）描述想要生成的画面内容。

③ 反向提示词　用文字（英文单词）描述不想要生成的画面内容。

④ 图片调整　　调整生成图片的大小和批次数量。

⑤ 生成图片　　点击"生成"按钮即可得到生成的图片。

关键词基础模板

使用英文单词更有效,单词之间使用英文半角状态下的逗号(,)作为间隔,逗号前后带空格不影响关键词输入,出图整体风格与使用的模型库相关(偏照片、写实或动漫风格)。

基础的关键词模板由以下几部分组成。

✦ **关键词分隔:** 使用英文逗号,可以分隔不同的关键词 tag。除此之外,空格和换行等不影响 tag 分隔

✦ **正向提示词格式参考:**

4k,best quality,	princess,full body,	1girl,smile,	white background
画质	**主体内容**	**附加内容**	**风格与效果**
用于提升或保持画面的整体质量	描述画面的主体部分	与画面主体有关的设定,可以让画面主体内容更加完善和丰富	画面的整体风格,包括画风、媒介、效果等,用于进一步完善画面的整体效果

✦ **反向提示词格式参考:**

nsfw,	bad hands fingers,	low quality
不良信息	**主体反向内容**	**语义失衡**
屏蔽色情暴力信息	对整体质量与画面主体内容相关的反向提示	避免出图产生额外干扰信息

关键词语法

✦ **权重调整:** 权重会影响生成图片和关键词的联系度,默认的单词顺序会影响权重,单词顺序越往后,权重越低;可以通过()加重权重,通过[]减轻权重。

✦ **要素混合:** 将 | 加在多个关键词之间,可以实现多个要素的混合。

目录
CONTENTS
Magic Dictionary

◆ 第 1 章 ◆ 人物类型 ················· 007

◆ 第 2 章 ◆ 人物细节 ················· 047

◆ 第 3 章 ◆ 面部细节 ················· 079

◆ 第 4 章 ◆ 人物服饰 ················· 113

◆ 第 5 章 ◆ 人物动作 ················· 237

第 1 章

人物类型

人物的类型可以说是多种多样,每个人物都有其独特的个性和特点,从而形成了不同的类型。通过这些类型,我们可以更好地理解人物设定。不同类型的人物表现也各不相同,从而传达出不同的个性和特点。

1.1 人物分类

通常根据某种分类标准将人物分为不同的类型,这些类型可以基于多种特征,包括性别、年龄、关系、属性等。人物类型可以帮助我们更好地理解和描述不同人群的特征。

性别

性别是人类这种生物体最基本的分类特征。通常,人物性别被分为男性和女性两种。

年龄

年龄通常是指一个人从出生时起到计算时止生存的时间长度,用岁来表示。

关系

关系是指人与人、人与物或人与环境之间的连接与互动。它描述了个体之间的联系和依存关系,以及彼此之间的影响和相互作用方式。

属性

属性是指某个事物或对象所具有的特性或特征。它描述了事物的固有属性、特点或状态,用于区分和定义事物的不同方面。

女人 female

- ✦ 词语解析： 女人是指生理上的雌性人类，与生理上的雄性人类即男人相对应
- ✦ 提示词： 4k,best quality,masterpiece,female,full body,smile

男人 male

- ✦ 词语解析： 男人是指生理上的雄性人类，与生理上的雌性人类即女人相对应
- ✦ 提示词： 4k,best quality,masterpiece,male,full body,smile

✦ 单人 solo ✦

✦ 词语解析： 单人是指单独一个人的意思

✦ 提示词： 4k,best quality,masterpiece,solo,full body,school uniform,smile

✦ 1个女孩 1girl ✦

✦ 词语解析： 1个女孩是指一名年轻的女性,通常是指出生后到青春期前这个年龄段的女性

✦ 提示词： 4k,best quality,masterpiece,1girl,full body,smile

2个女孩　2girls

✦✦ 词语解析：　2个女孩是指两名年轻的女性

✦✦ 提示词：　4k,best quality,masterpiece,2girls,full body,smile

多个女孩　multiple_girls

✦✦ 词语解析：　多个女孩是指多名年轻的女性，人数往往多于两人

✦✦ 提示词：　4k,best quality,masterpiece,multiple_girls,full body,smile

1个男孩　1boy

✦ 词语解析：　1个男孩是指一名年轻的男性，通常是指出生后到青春期前这个年龄段的男性

✦ 提示词：　4k,best quality,masterpiece,1boy,full body,smile

2个男孩　2boys

✦ 词语解析：　2个男孩是指两名年轻的男性

✦ 提示词：　4k,best quality,masterpiece,2boys,full body,smile

多个男孩 multiple_boys

✦ 词语解析： 多个男孩是指多名年轻的男性，人数往往多于两人

✦ 提示词： 4k,best quality,masterpiece,multiple_boys,full body,smile

幼童 toddler

✦ 词语解析： 幼童一般是指年龄在0到2岁之间的儿童，这个年龄段也被称为"幼儿期"

✦ 提示词： 4k,best quality,masterpiece,toddler,full body,smile

未成年 underage

✦ 词语解析： 未成年是指年龄未满 18 周岁的人

✦ 提示词： 4k,best quality,masterpiece,underage,full body,smile

青年 teenage

✦ 词语解析： 青年一般是指 15~24 岁这个年龄段的人群

✦ 提示词： 4k,best quality,masterpiece,teenage,full body,smile

大叔 bara

✦➤ 词语解析： 大叔是指年龄较大、已经进入中年的男性

✦➤ 提示词： 4k,best quality,masterpiece,bara,full body,smile

熟女 mature_female

✦➤ 词语解析： 熟女是指已经成年、有着成熟魅力和丰富经验的女性

✦➤ 提示词： 4k,best quality,masterpiece,mature_female,full body,smile

老年 old

✦ 词语解析： 老年是指年龄较大、身体机能逐渐衰退的人

✦ 提示词： 4k,best quality,masterpiece,old ,full body,smile

姐妹 sisters

✦ 词语解析： 姐妹是指有着血缘关系的亲姐妹

✦ 提示词： 4k,best quality,masterpiece,sisters,full body,smile

✦ 兄弟姐妹 siblings ✦

✦ 词语解析： 兄弟姐妹是指同一个父母所生的、具有血缘关系的兄弟姐妹

✦ 提示词： 4k,best quality,masterpiece,siblings,full body,smile

✦ 夫妻 husband and wife ✦

✦ 词语解析： 夫妻是指基于婚姻而形成的男女之间的伴侣关系

✦ 提示词： 4k,best quality,masterpiece,husband and wife,full body,smile

母子 mother and son

✦ 词语解析： 母子是指生物学上的母亲和她所生育的儿子之间的亲属关系

✦ 提示词： 4k,best quality,masterpiece,mother and son,full body,smile

母女 mother and daughter

✦ 词语解析： 母女是指生物学上的母亲和她所生育的女儿之间的亲属关系

✦ 提示词： 4k,best quality,masterpiece,mother and daughter,full body,smile

萝莉 loli

✦ 词语解析： 萝莉是指外表看起来比较幼稚可爱的女性

✦ 提示词： 4k,best quality,masterpiece,loli,full body,smile

正太 shota

✦ 词语解析： 正太是指外表看起来比较清秀、可爱，同时又有一些儿童气息的少年或青年男性

✦ 提示词： 4k,best quality,masterpiece,shota,full body,smile

美少女 bishoujo

- 词语解析： 美少女是指外表美丽、可爱、年轻的女性
- 提示词： 4k,best quality,masterpiece,bishoujo,full body,smile

眼镜娘 glasses

- 词语解析： 眼镜娘是指佩戴眼镜的女性，尤其是外表看起来比较清秀、可爱、温柔的女性
- 提示词： 4k,best quality,masterpiece,glasses,full body,smile

辣妹 gyaru

✦ 词语解析： 辣妹是指外表时尚、热辣、有自信和魅力的女性

✦ 提示词： 4k,best quality,masterpiece,gyaru,full body,smile

Q版 chibi

✦ 词语解析： Q版是指将人物形象通过简化、夸张手法达到更加可爱、有趣、生动的效果

✦ 提示词： 4k,best quality,masterpiece,chibi,full body,smile

1.2 人物身份

人物的身份多种多样，一般可分为技能型、事务型、研究型、艺术型四种类型，每一种身份都具有不同的特点。

技能型

- ✦ 愿意使用工具从事操作性工作，动手能力强。
- ✦ 做事手脚灵活，动作协调。
- ✦ 偏好于具体任务，缺乏社交能力，通常喜欢独立做事。

事务型

- ✦ 尊重权威和规章制度，喜欢按计划办事，细心、有条理。
- ✦ 习惯接受他人的指挥和领导，自己不谋求领导职务。
- ✦ 喜欢关注实际和细节情况，通常较为谨慎和保守。

研究型

- ✦ 抽象思维能力强，求知欲强，肯动脑，善思考。
- ✦ 喜欢独立的和富有创造性的工作，知识渊博，有学识才能。
- ✦ 考虑问题理性，精准做事，喜欢进行逻辑分析和推理。

艺术型

- ✦ 有创造力，乐于创造新颖的事物。
- ✦ 渴望表现自己的个性，实现自身的价值。
- ✦ 做事理想化，追求完美，不切实际。
- ✦ 具有一定的艺术才能和个性，善于表达。

厨师 chef

✦ 词语解析： 厨师是指在餐饮业中从事烹饪工作的专业人员，负责制作和调制各种食品和菜肴

✦ 提示词： 4k,best quality,masterpiece,chef,full body,smile

舞者 dancer

✦ 词语解析： 舞者是指进行舞蹈演出、以身体动作表达意念及美感的专业人士

✦ 提示词： 4k,best quality,masterpiece,dancer,full body,1girl,smile

啦啦队队长 cheerleader

✦➤ 词语解析： 啦啦队队长是指在体育竞赛中为运动员加油的整个啦啦队的领导者

✦➤ 提示词： 4k,best quality,masterpiece,cheerleader,full body,1girl,smile

芭蕾舞女演员 ballerina

✦➤ 词语解析： 芭蕾舞女演员是指女性舞者以脚尖点地的方式用音乐、舞蹈手法来表演戏剧情节

✦➤ 提示词： 4k,best quality,masterpiece,ballerina,full body,1girl,smile

体操队队长 gym leader

✦ **词语解析：** 体操队队长是指担任整个体操队的领导者

✦ **提示词：** 4k,best quality,masterpiece,gymleader,full body,1girl,smile

女服务员 waitress

✦ **词语解析：** 女服务员是指在固定场所里提供一定范围内服务的人员

✦ **提示词：** 4k,best quality,masterpiece,waitress,full body,1girl,smile

女仆 maid

✦ 词语解析： 女仆通常是指在一些特定场合或文化中从事为雇主提供家政等服务的女性

✦ 提示词： 4k,best quality,masterpiece,maid,full body,1girl,smile

艺人 idol

✦ 词语解析： 艺人是指在一定范围内广受欢迎、受到追捧和崇拜的人物

✦ 提示词： 4k,best quality,masterpiece,idol,full body,1girl,smile

✦✦ 办公室文员 office_lady ✦✦

◆ 词语解析： 办公室文员是指在办公室从事文秘、助理等工作的职员

◆ 提示词： 4k,best quality,masterpiece,office_lady,full body,1girl,smile

✦✦ 赛车女郎 race_queen ✦✦

◆ 词语解析： 赛车女郎是指在赛车场为赛车和赛车手提供服务的女性模特或主持人

◆ 提示词： 4k,best quality,masterpiece,race_queen,full body,1girl,smile

魔女 Witch

✦ 词语解析： 魔女是指在传说、电影、游戏等方面被描绘为能够使用魔法和神秘力量的女性

✦ 提示词： 4k,best quality,masterpiece,Witch,full body,1girl,smile

巫女 miko

✦ 词语解析： 巫女是日本神社中的神职之一，担任祈祷、祭祀等方面的职务

✦ 提示词： 4k,best quality,masterpiece,miko,full body,1girl,smile

修女 nun

◆▶ 词语解析： 修女是指女性离家修行人员

◆▶ 提示词： 4k,best quality,masterpiece,nun,full body,1girl,smile

牧师 priest

◆▶ 词语解析： 牧师一般为专职宗教职业者

◆▶ 提示词： 4k,best quality,masterpiece,priest,full body,smile

忍者 ninja

✦ 词语解析： 忍者是指日本历史上的一种特殊职业

✦ 提示词： 4k,best quality,masterpiece,ninja,full body

警察 police

✦ 词语解析： 警察是指维护社会治安的公职人员

✦ 提示词： 4k,best quality,masterpiece,police,full body,smile

医生 doctor

- ✦ 词语解析： 医生是指在医疗机构中从事医疗服务和医学研究的专业人员
- ✦ 提示词： 4k,best quality,masterpiece,doctor,full body,smile

护士 nurse

- ✦ 词语解析： 护士是指在医疗机构中从事护理工作的专业人员，负责为病患提供护理和照顾，协助医生进行各种医疗服务
- ✦ 提示词： 4k,best quality,masterpiece,nurse,full body,1girl,smile

1.3 人外类型

人外类型一般是指非人类的种族，通常以拟人化的形式来表现。

特征拟人

特征拟人是最常见和被广泛接受的拟人方式。它通过提取被拟人对象的外部特征，将其添加到真人形象中，例如，将尾巴、耳朵、角、翅膀等人类原本不具备的要素添加到人的身体结构中，形成特征拟人。这种方法保留了原型的可爱之处，与真人看起来没有太大的区别。

行为拟人

行为拟人在传统动画片中非常常见，这种方式通常不会过多展现角色的外在特征，而是通过行为和举止来模仿人类，例如直立行走、穿着衣物、使用语言交流等典型特征被直接应用于动物身上。

✦ 动物特征

✦ 机甲特征

✦ 精灵特征

该类角色具有动物的特征，如狼耳、尾巴、猫眼等，它们可以很好地表现角色的野性和机敏。

机甲特征是在人的身体结构上加入机器或机械装置等要素。

该类角色可能长有长而尖的耳朵，类似于精灵或妖精的形象，这种特征通常被用来表现角色的神秘感或超自然的属性。

福瑞 furry

✦✧ 词语解析： 福瑞一般是指毛茸茸的、拟人化的动物角色，在二次元文化中通常体现为兽人等

✦✧ 提示词： 4k,best quality,masterpiece,furry,full body,1girl,smile

猫娘 cat_girl

✦✧ 词语解析： 猫娘是指在动漫、游戏等作品中出现的拟人化的猫形象女性

✦✧ 提示词： 4k,best quality,masterpiece,cat_girl,full body,1girl,smile

犬娘 dog_girl

✦➤ 词语解析： 犬娘是指在动漫、游戏等作品中出现的拟人化的狗形象女性

✦➤ 提示词： 4k,best quality,masterpiece,dog_girl,full body,1girl,smile

狐娘 fox_girl

✦➤ 词语解析： 狐狸娘是指在动漫、游戏等作品中出现的拟人化的狐狸形象女性

✦➤ 提示词： 4k,best quality,masterpiece,fox_girl,full body,1girl,smile

✦ 妖狐 kitsune ✦

◆ 词语解析： 妖狐是指神话或传说中的狐狸妖怪形象，它能够施展各种妖力

◆ 提示词： 4k,best quality,masterpiece,kitsune,full body,1girl,smile

✦ 浣熊娘 raccoon_girl ✦

◆ 词语解析： 浣熊娘是指在动漫、游戏等作品中出现的拟人化的浣熊形象女性

◆ 提示词： 4k,best quality,masterpiece,raccoon_girl,full body,1girl,smile

狼女孩 wolf_girl

✦ 词语解析： 狼女孩是指在动漫、游戏等作品中出现的拟人化的狼形象女性

✦ 提示词： 4k,best quality,masterpiece,wolf_girl,full body,1girl,smile

兔娘 rabbit_girl

✦ 词语解析： 兔娘是指在动漫、游戏等作品中出现的拟人化的兔子形象女性

✦ 提示词： 4k,best quality,masterpiece,rabbit_girl,full body,1girl,smile

牛娘 cow_girl

✦ 词语解析： 牛娘是指在动漫、游戏等作品中出现的拟人化的牛形象女性

✦ 提示词： 4k,best quality,masterpiece,cow_girl,full body,1girl,smile

龙娘 dragon_girl

✦ 词语解析： 龙娘是指在动漫、游戏等作品中出现的拟人化的龙形象女性

✦ 提示词： 4k,best quality,masterpiece,dragon_girl,full body,1girl,smile

蛇娘 lamia

✦ 词语解析： 蛇娘是指在动漫、游戏等作品中出现的拟人化的蛇形象女性

✦ 提示词： 4k,best quality,masterpiece,lamia,full body,1girl,smile

美人鱼 mermaid

✦ 词语解析： 美人鱼是指传说中半人半鱼的生物，上半身是女性的形象，下半身是鱼类的形态

✦ 提示词： 4k,best quality,masterpiece,mermaid,full body,1girl,smile

史莱姆娘 slime_musume

✦ 词语解析： 史莱姆娘是指在动漫、游戏等作品中出现的拟人化的史莱姆形象女性

✦ 提示词： 4k,best quality,masterpiece,slime_musume,full body,1girl,smile

蜘蛛娘 spider_girl

✦ 词语解析： 蜘蛛娘是指在动漫、游戏等作品中出现的拟人化的蜘蛛形象女性

✦ 提示词： 4k,best quality,masterpiece,spider_girl,full body,1girl,smile

机甲 mecha

✦ 词语解析： 机甲是指在科幻文学、电影、游戏等作品中出现的一种机械化的装备或机器人

✦ 提示词： 4k,best quality,masterpiece,mecha,full body

机娘 mecha_musume

✦ 词语解析： 机娘是指在动漫、游戏等作品中出现的拟人化的女性机甲形象

✦ 提示词： 4k,best quality,masterpiece,mecha_musume,full body,1girl,smile

半机械人 cyborg

✦✧ 词语解析： 半机器人是一种融合产物，不仅拥有部分人类的身体器官，同时还装备了机器人的装置

✦✧ 提示词： 4k,best quality,masterpiece,cyborg,full body,1girl,smile

恶魔 demon_girl

✦✧ 词语解析： 恶魔是指被描述为邪恶或邪恶力量的超自然存在

✦✧ 提示词： 4k,best quality,masterpiece,demon_girl,full body,1girl,smile

天使 angel

✦ 词语解析： 天使是指一种具有翅膀的美丽生物，拥有超凡的力量和智慧

✦ 提示词： 4k,best quality,masterpiece,angel,full body,1girl,smile

魔鬼（撒旦）devil

✦ 词语解析： 魔鬼是撒旦的代名词，是指堕落的天使，被认为是神的敌对势力

✦ 提示词： 4k,best quality,masterpiece,devil,full body,1girl,smile

✦ 女神 goddess ✦

◆ 词语解析: 女神在神话传说中被认为是女性神灵的存在

◆ 提示词: 4k,best quality,masterpiece,goddess,full body,1girl,smile

✦ 妖精 elf ✦

◆ 词语解析: 妖精具有神秘的能力和超自然的力量,有时还被赋予了一定的人类性格和思维能力

◆ 提示词: 4k,best quality,masterpiece,elf,full body,1girl,smile

小精灵 fairy

✦ 词语解析： 小精灵是指在神话传说中被认为是一种神秘的、小巧玲珑的生物

✦ 提示词： 4k,best quality,masterpiece,fairy,full body,1girl,smile

暗精灵 dark_elf

✦ 词语解析： 暗精灵是指属于黑暗和邪恶势力的一类精灵，他们的行为往往是不道德和邪恶的

✦ 提示词： 4k,best quality,masterpiece,dark_elf,full body,1girl,smile

吸血鬼 vampire

✦➤ 词语解析： 吸血鬼是指一种能够吸取其他生物生命力和血液的神秘生物

✦➤ 提示词： 4k,best quality,masterpiece,vampire,full body,1girl,smile

魔法少女 magical_girl

✦➤ 词语解析： 魔法少女通常是指拥有魔法能力的年轻女性，常穿着特别设计的魔法服装

✦➤ 提示词： 4k,best quality,masterpiece,magical_girl,full body,1girl,smile

人偶 doll

✦ 词语解析： 人偶是指具有人类的外形和特征，但并不具备独立思考和行动能力的玩具或艺术品

✦ 提示词： 4k,best quality,masterpiece,doll,full body,1girl

怪物 monster

✦ 词语解析： 怪物是指一类神秘、邪恶或可怕的生物，其形象也各不相同

✦ 提示词： 4k,best quality,masterpiece,monster,full body

第2章

人物细节

人物的细节是角色设计中至关重要的元素,其中身体结构和头发样式起着关键的表现作用。身体结构是动漫人物形象的基础,头发样式则是动漫人物形象的重要组成部分。这些细节不仅能够呈现角色的个性特点,还能够传达角色的身份背景。

2.1 身体结构

人物的身体结构是呈现角色形象的重要元素之一。人物的身体比例常常采用比较完美的头身比例，以突出优雅和纤细的身材，尤其是女性角色，其肢体线条流畅柔和，强调动态感。

胸部

根据角色的性别、特点和风格的不同，人物胸部的表现也大不相同，以此来突出人物的性别特征、体型比例和吸引力。

肩部

肩部是指角色形象上的肩膀区域。肩部的形状、宽度和姿态都会直接影响到角色的整体形象和个性特征。

腰腹部

腰腹部是指角色形象上的腰部和腹部区域。腰腹部可以很好地展现出角色的身体比例、体型和肌肉线条。

臀部

臀部是指角色形象上的臀部区域。在动漫中，臀部的形态可以用来突出角色的体型和身体特征。

腿部

腿部是指角色形象上的腿部区域。腿部的设计可以很好地突出角色的身高、比例和身体线条。腿部的形态可以很好地传达角色的动态、力量和姿势等方面的信息。

胸 chest

◆ 词语解析： 胸属于躯干的一部分，位于颈部与腹部之间

◆ 提示词： upper body,school uniform,chest

胸肌 pectorals

◆ 词语解析： 胸肌是指分布于胸部的肌肉，它是人类身体比较健硕的肌肉

◆ 提示词： upper body,1male,school uniform,pectorals

贫乳 flat_chest

◆ 词语解析： 贫乳是指女性由于胸部发育不良而导致的乳房相对较小的情况

◆ 提示词： upper body,1girl,school uniform,flat_chest,smile

小胸部 small_chest

◆ 词语解析： 小胸部通常对应的是乳房不太丰满的女性

◆ 提示词： upper body,1girl,school uniform,small_chest

中等胸部 medium_breasts

◆ 词语解析： 中等胸部通常对应的是乳房较为丰满的女性

◆ 提示词： upper body,1girl,school uniform,medium_breasts

大胸部 big_breasts

◆ 词语解析： 大胸部通常对应的是乳房更加丰满的女性

◆ 提示词： upper body,1girl,school uniform,big_breasts

双裸肩 bare_shoulders

✦ 词语解析： 双裸肩是指女性露出肩部两侧的部分或全部皮肤

✦ 提示词： upper body,1girl,school uniform, bare_shoulders

锁骨 collarbone

✦ 词语解析： 锁骨是指胸腔前上部、呈S形的骨头，左右各一块

✦ 提示词： upper body,school uniform,collarbone

腋窝 armpits

✦ 词语解析： 腋窝是指上肢和肩膀连接处靠底下的部分，呈窝状

✦ 提示词： upper body,1girl,school uniform,armpits

腰 waist

✦➤ 词语解析： 腰是指胯上胁下的部分，位于身体的中部

✦➤ 提示词： upper body, waist

细腰 slender_waist

✦➤ 词语解析： 细腰是指较为纤细的腰部，通常是指腰围较细或腰线比较优美

✦➤ 提示词： upper body,slender_waist

肚子 belly

   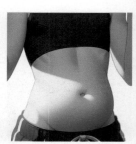

✦➤ 词语解析： 肚子是人体腹部的通称

✦➤ 提示词： upper body,belly

肋骨 ribs

◆ 词语解析： 肋骨是指人类胸壁两侧的长条形的骨头，有保护内脏的作用

◆ 提示词： upper body,ribs

腹部 midriff

  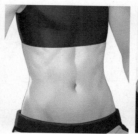 

◆ 词语解析： 腹部在胸的下面

◆ 提示词： upper body,midriff

腹肌 abs

◆ 词语解析： 腹肌是指人体腹部的肌肉，它的线条和轮廓被认为是体型美的标志之一

◆ 提示词： upper body,1male,abs,male_swimwear

臀部 hips

◆ 词语解析： 臀部是指人体两腿后面的上端和腰相连接的部分

◆ 提示词： lower body,hips,from_back

胯部 crotch

◆ 词语解析： 胯部是指腰的两侧和大腿之间的部分

◆ 提示词： lower body,crotch

膝盖 knee

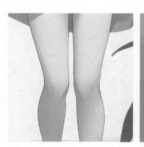 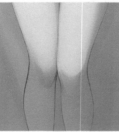 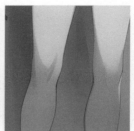 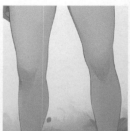

◆ 词语解析： 膝盖是人体大腿和小腿相连的关节的前部

◆ 提示词： lower body,knee

大腿 thigh

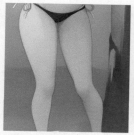  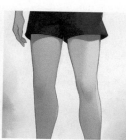 

✦✧ 词语解析： 大腿是指人体从臀部到膝盖的那一段

✦✧ 提示词： lower body,thigh

大腿间隙 thigh_gap

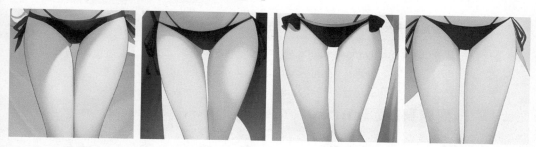

✦✧ 词语解析： 大腿间隙是指两条大腿内侧在膝盖以上部分之间的空隙

✦✧ 提示词： lower body,thigh_gap

绝对领域 absolute_territory

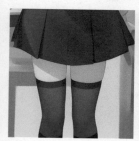  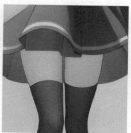 

✦✧ 词语解析： 绝对领域是指少女穿着的过膝袜和短裙之间的一段可以看到大腿的若隐若现的空间

✦✧ 提示词： lower body,absolute_territory

骨感 skinny

✦➤ 词语解析： 骨感是指人物身材瘦削、棱角分明

✦➤ 提示词： 4k,best quality,masterpiece,skinny,full body,smile,

魔鬼身材 curvy

✦➤ 词语解析： 魔鬼身材是指人物身材比例完美，腰部细、臀部、胸部等曲线明显

✦➤ 提示词： 4k,best quality,masterpiece,curvy,full body,smile,

肥胖（丰满） plump

✦ **词语解析：** 肥胖是指身体脂肪堆积过多的一种身体状态，赘肉主要集中在腰部、臀部及大腿等处

✦ **提示词：** 4k,best quality,masterpiece,plump,full body,smile

怀孕 pregnant

✦ **词语解析：** 怀孕是指孕育产生子代的过程

✦ **提示词：** 4k,best quality,masterpiece,pregnant,full body,1girl,smile

迷你女孩 minigirl

✦ 词语解析： 迷你女孩通常指身材娇小、纤细的女性角色形象

✦ 提示词： 4k,best quality,masterpiece,minigirl,full body,1girl,smile

肌肉 muscular

✦ 词语解析： 肌肉是指具有强壮肌肉线条和突出肌肉群的角色形象

✦ 提示词： 4k,best quality,masterpiece,muscular,full body,smile

✦ 有光泽的皮肤 shiny_skin ✦

✦ 词语解析： 有光泽的皮肤是指皮肤表面呈现出健康、光滑、明亮的外观，且具有自然的光泽

✦ 提示词： 4k,best quality,masterpiece,shiny_skin,full body,smile

✦ 苍白皮肤 pale_skin ✦

✦ 词语解析： 苍白皮肤是指肤色较为苍白或缺乏健康的红润感

✦ 提示词： 4k,best quality,masterpiece,pale_skin,full body,smile

白皙皮肤 fair_skin

- 词语解析：白皙皮肤是指皮肤呈现明亮、光滑、均匀的白色或浅色调
- 提示词：4k,best quality,masterpiece,fair_skin,full body,smile

棕色皮肤 brown_skin

- 词语解析：棕色皮肤是指呈现出棕色或褐色的肤色
- 提示词：4k,best quality,masterpiece,brown_skin,full body,smile

黑皮肤 black_skin

✦ 词语解析： 黑皮肤是指呈现出深黑色或棕黑色的肤色

✦ 提示词： 4k,best quality,masterpiece,black_skin,full body,smile

晒日线 tan_lines

✦ 词语解析： 晒日线是指在阳光下，暴露的部位与未暴露的部位之间的颜色差异

✦ 提示词： 4k,best quality,masterpiece,tan_lines,1girl,full body,smile

2.2 头发样式

头发的不同样式可以在第一时间明确人物的特点。

头发长度

头发的长度对人物的表现具有重要的影响，不同长度的头发可以表现出人物不同的形象和个性。

头发颜色

头发的颜色可以传达出人物的性格、特点、背景故事等信息。

✦ 自然头发

自然头发是指没有经过烫染等操作，而保持原本的自然状态的头发。

✦ 染烫头发

染烫头发是指经过染烫后，改变了原本的造型和颜色的头发。

✦ 造型头发

造型头发是指用发带、发卡等，通过编扎等方式改变造型的头发。

✦✦ 直发 straight hair ✦✦

✦ 词语解析: 直发是指没有经过电烫，保持自然状态的直头发

✦ 提示词: upper body,face to camera, 1girl,straight hair,school uniform

✦✦ 卷发 curly hair ✦✦

✦ 词语解析: 卷发是指头发经过电烫后形成卷曲形或天生弯曲的头发

✦ 提示词: upper body,face to camera, 1girl,curly hair,school uniform

✦✦ 波浪卷 waves roll ✦✦

✦ 词语解析: 波浪卷是指头发弯曲的弧度就像大海的波浪一样

✦ 提示词: upper body,face to camera, 1girl,waves roll,school uniform

✦✦ 双钻头 drill hair ✦✦

✦ 词语解析: 双钻头是指左右两边各绑上对称螺旋状发辫的发型

✦ 提示词: upper body,face to camera, 1girl,drill hair,school uniform

额头 forehead

✦ 词语解析： 额头是指没有刘海的发型，会显得人物开朗有活力

✦ 提示词： upper body,face to camera, 1girl,forehead,school uniform

波波发 bob cut

✦ 词语解析： 波波发显得非常时尚，刘海平齐，带有厚重的感觉

✦ 提示词： upper body,face to camera, 1girl,bob cut,school uniform

刘海 bangs

✦ 词语解析： 刘海是指垂在前额的短发，可以修饰人物脸型

✦ 提示词： upper body,face to camera, 1girl,bangs,school uniform

齐刘海 blunt bangs

✦ 词语解析： 齐刘海是指刘海的底部水平齐平，能让人物显得乖巧可爱

✦ 提示词： upper body,face to camera, 1girl,blunt bangs,school uniform

✦ 斜刘海 swept bangs ✦

✦ 词语解析： 斜刘海是指额前的头发向一侧倾斜，使人物看起来更加温柔

✦ 提示词： upper body,face to camera, 1girl,swept bangs,school uniform

✦ 姬发式 gokou ruri sideburns ✦

✦ 词语解析： 姬发式是指后方留着长发，刘海则在眼眉的高度剪齐

✦ 提示词： upper body,1girl,gokou ruri sideburns,school uniform

✦ 公主发型 princess_head ✦

✦ 词语解析： 公主发型是一种优雅、高贵的发型，头发通常会卷曲并向外翘起

✦ 提示词： upper body,face to camera, 1girl,princess_head,school uniform

✦ 上半部分束起 half-up ✦

✦ 词语解析： 上半部分束起是将上层的头发扎起，剩下的头发自然垂下

✦ 提示词： upper body,face to camera, 1girl,half-up,school uniform

马尾辫 ponytail

- 词语解析： 马尾辫是指将大部分的头发往头后部集中扎起来
- 提示词： upper body,face to camera, 1girl,ponytail,school uniform

侧马尾 side_ponytail

- 词语解析： 侧马尾是将头发集中扎在头部一侧
- 提示词： upper body,face to camera, 1girl,side_ponytail,school uniform

双马尾 twintails

- 词语解析： 双马尾是指左右两边各绑上对称马尾的发型
- 提示词： upper body,face to camera, 1girl,twintails,school uniform

低双马尾 low twintails

- 词语解析： 低双马尾是在低处绑两个对称的马尾
- 提示词： upper body,face to camera, 1girl,low twintails,school uniform

披肩双马尾 two_side_up

✦ **词语解析：** 披肩双马尾是将一部分头发扎成双马尾，能够保留原有长发的魅力

✦ **提示词：** upper body,face to camera, 1girl,two_side_up,school uniform

辫子 braid

✦ **词语解析：** 辫子是一种将头发编织成绳状或带状结构的发型

✦ **提示词：** upper body,face to camera, 1girl,braid,school uniform

法式辫子 french_braid

✦ **词语解析：** 法式辫子通常从头顶开始，延伸到颈背

✦ **提示词：** upper body,face to camera, 1girl,french_braid,school uniform

双辫子 twin_braids

✦ **词语解析：** 双辫子是对称地在头部两侧编织成两条辫子

✦ **提示词：** upper body,face to camera, 1girl,twin_braids,school uniform

辫式发髻 braided_bun

✦ 词语解析: 辫式发髻是将辫子绕圈固定，以确保其不会松散开

✦ 提示词: upper body,face to camera,1girl,braided_bun,school uniform

麻花辫马尾 braided_ponytail

✦ 词语解析: 麻花辫马尾是先将头发集中扎在头后方，然后再将头发编成辫子的发型

✦ 提示词: upper body,face to camera,1girl,braided_ponytail,school uniform

圆发髻 hair_bun

✦ 词语解析: 圆发髻是将头发束起来形成圆形或半球形

✦ 提示词: upper body,face to camera,1girl,hair_bun,school uniform

丸子头 double_bun

✦ 词语解析: 丸子头是将头发在头部两侧分别束起来，形成两个圆形的发髻

✦ 提示词: upper body,face to camera,1girl,double_bun,school uniform

短发和部分长发 short_hair_with_long_locks

➔ 词语解析： 这是一种将短发和长发相结合的发型设计

➔ 提示词： upper body,face to camera, 1girl,short_hair_with_long_locks, school uniform

短呆毛 ahoge

➔ 词语解析： 短呆毛是指在头上翘起的一撮较短的头发

➔ 提示词： upper body,face to camera, 1girl,ahoge,school uniform

长呆毛 antenna_hair

➔ 词语解析： 长呆毛是指在头上翘起的一撮较长的头发

➔ 提示词： upper body,face to camera, 1girl,antenna_hair,school uniform

心形呆毛 heart_ahoge

➔ 词语解析： 心形呆毛是指在头上翘起的一撮呈心形的头发

➔ 提示词： upper body,face to camera, 1girl,heart_ahoge,school uniform

长发 long_hair

✦ 词语解析： 长发是指长度过肩或者更长的头发

✦ 提示词： upper body,face to camera, 1girl,long_hair,school uniform

短发 short_hair

✦ 词语解析： 短发是指长度在脖子处不过肩的或者更短的头发

✦ 提示词： upper body,face to camera, 1girl,short_hair,school uniform

中等长发 medium_hair

✦ 词语解析： 中等长发是指长度在肩膀处的头发

✦ 提示词： upper body,face to camera, 1girl,medium_hair,school uniform

眼睛之间的头发 hair_between_eyes

✦ 词语解析： 眼睛之间的头发是指有一撮头发在两眼之间的发型

✦ 提示词： upper body,face to camera, 1girl,hair_between_eyes, school uniform

头发覆盖一只眼 hair_over_one_eye

- 词语解析： 指部分头发完全或部分遮挡住了一只眼睛
- 提示词： upper body,face to camera, 1girl,hair_over_one_eye,school uniform

头发捋到耳后 hair_behind_ear

- 词语解析： 这是指将头发捋至耳后，使耳朵露出来的发型
- 提示词： upper body,face to camera, 1girl,hair_behind_ear,school uniform

黑色头发 black_hair

- 词语解析： 指深黑色的发色，这是一种最常见的发色
- 提示词： upper body,face to camera, 1girl,black_hair,school uniform

棕色头发 brown_hair

- 词语解析： 指介于黑色和浅褐色之间的发色
- 提示词： upper body,face to camera, 1girl,brown_hair,school uniform

✦ 蓝色头发 blue_hair ✦

✦ 词语解析： 即染成蓝色的头发

✦ 提示词： upper body,face to camera, 1girl,blue_hair,school uniform

✦ 绿色头发 green_hair ✦

✦ 词语解析： 即染成绿色的头发

✦ 提示词： upper body,face to camera, 1girl,green_hair,school uniform

✦ 粉色头发 pink_hair ✦

✦ 词语解析： 即染成粉色的头发

✦ 提示词： upper body,face to camera, 1girl,pink_hair,school uniform

✦ 红色头发 red_hair ✦

✦ 词语解析： 即染成红色的头发

✦ 提示词： upper body,face to camera, 1girl,red_hair,school uniform

铂金色头发 platinum_blonde_hair

✦ 词语解析： 即染成铂金色的头发

✦ 提示词： upper body,face to camera, 1girl,platinum_blonde_hair,school uniform

水蓝色头发 aqua_hair

✦ 词语解析： 即染成水蓝色的头发

✦ 提示词： upper body,face to camera, 1girl,aqua_hair,school uniform

银色头发 silver_hair

✦ 词语解析： 即染成银色的头发

✦ 提示词： upper body,face to camera, 1girl,silver_hair,school uniform

灰色头发 grey_hair

✦ 词语解析： 即染成灰色的头发

✦ 提示词： upper body,face to camera, 1girl,grey_hair,school uniform

金发 blonde_hair

➤ 词语解析： 即染成金色的头发

➤ 提示词： upper body,face to camera, 1girl,blonde_hair,school uniform

挑染 streaked_hair

➤ 词语解析： 挑染是将一部分头发染上不同颜色的发色

➤ 提示词： upper body,face to camera, 1girl,streaked_hair,school uniform

多色的头发 multicolored_hair

➤ 词语解析： 多色的头发是指在头发上使用多种颜色染色，创造出丰富多彩的效果

➤ 提示词： upper body,face to camera, 1girl,multicolored_hair,school uniform

有光泽的头发 shiny_hair

➤ 词语解析： 有光泽的头发是指看起来光滑且有光泽度的头发

➤ 提示词： upper body,face to camera, 1girl,shiny_hair,school uniform

蓬松的头发 ruffling_hair

✦ 词语解析： 蓬松的头发是指看起来丰盈、蓬松、有体积感的头发

✦ 提示词： upper body,face to camera, 1girl,ruffling_hair,school uniform

凌乱的头发 messy_hair

✦ 词语解析： 凌乱的头发是一种看起来随意、不整齐的头发

✦ 提示词： upper body,face to camera, 1girl,messy_hair,school uniform

散开的头发 hair_spread_out

✦ 词语解析： 散开的头发是指头发不束起或不绑起的状态

✦ 提示词： upper body,face to camera, 1girl,hair_spread_out,school uniform

飘起的头发 hair_flowing_over

✦ 词语解析： 飘起的头发通常是指头发在空中随风飘动的效果

✦ 提示词： upper body,face to camera, 1girl,hair_flowing_over,school uniform

跳动的头发 bouncing_hair

✦ 词语解析： 跳动的头发是指头发在运动或活动中呈现出跳跃、摇摆的效果

✦ 提示词： upper body,face to camera,1girl,bouncing_hair,school uniform

手放头发上 hand_in_own_hair

✦ 词语解析： 将手轻触头发，通常表示一种轻松或自信的姿态

✦ 提示词： upper body,face to camera,1girl,hand_in_own_hair,school uniform

扎头发 tying_hair

✦ 词语解析： 扎头发是指将头发束起来固定在一起的动作

✦ 提示词： upper body,face to camera,1girl,tying_hair,school uniform

调整头发 adjusting_hair

✦ 词语解析： 调整头发是指对头发进行整理、改变，以达到理想的造型

✦ 提示词： upper body,face to camera,1girl,adjusting_hair,school uniform

✦✧ 托起头发 hair_lift ✧✦

✦ 词语解析： 托起头发是将头发全部或部分举起的动作

✦ 提示词： upper body,face to camera, 1girl,hair_lift,school uniform

✦✧ 束高发 hair_up ✧✦

✦ 词语解析： 束高发是指将头发向上束起，使其远离颈部

✦ 提示词： upper body,face to camera, 1girl,hair_up,school uniform

✦✧ 秃头 bald ✧✦

✦ 词语解析： 秃头是指头部完全没有头发

✦ 提示词： upper body,face to camera, 1male,bald,school uniform

✦✧ 侧分 slicked-back ✧✦

✦ 词语解析： 侧分是指将一部分头发梳向头的一侧

✦ 提示词： upper body,face to camera, 1male,slicked-back,school uniform

光滑的倒背头 slicked back hair

➤ 词语解析： 光滑的倒背头是指头发被平整地梳向后方，没有明显的蓬松或凌乱

➤ 提示词： upper body,face to camera, 1male,slicked back hair,school uniform

刺头 spiked hair

➤ 词语解析： 刺头是指头发呈现出竖立的形态

➤ 提示词： upper body,face to camera, 1male,spiked hair,school uniform

爆炸头 afro

➤ 词语解析： 爆炸头是指头顶部分的头发由于蓬松而丰盈，呈现出向外扩散的效果

➤ 提示词： upper body,face to camera, 1male,afro,school uniform

男版丸子头 man bun

➤ 词语解析： 男版丸子头是将头发集中在头顶上方，形成一个圆形的发髻

➤ 提示词： upper body,face to camera, 1male,man bun

第3章

面部细节

人物的面部细节在角色设定中起着至关重要的作用,它们能够鲜明地表达角色的个性特点、情绪状态。面部细节包括眼睛、鼻子、嘴巴和耳朵等部分,每个细节都能够为角色赋予独特的魅力和视觉效果。

面部表情

人物是通过面部表情来表达角色的内心世界和情绪状态的。

眼睛
眼睛可以有不同的形状、大小和颜色。

鼻子
鼻子通常以简化的形式出现,有时是一个小圆点,有时是一条简短的线条。

嘴巴
嘴巴可以是小巧的、丰满的,也可以是带有弧度的。

耳朵
耳朵可以是普通的耳朵形状,也可以是带有特殊装饰或动物特征的耳朵形状。

✦ 笑

笑可以表达开心、幸福、快乐等情感。笑的时候眼睛通常会变得明亮,眉毛可能会微微上扬,整个面部呈现出愉悦的状态。

✦ 哭

哭可以表达悲伤、伤心或者失望等情感。哭的时候人物的眼角下垂、嘴巴下弯,眉毛有可能会皱起。

✦ 生气

生气通常用于表达人物的愤怒或不满。生气的时候眉头紧锁,嘴唇紧咬,人物的目光显得锐利。

明亮的眼睛 light_eyes

✦ 词语解析： 明亮的眼睛是指亮度较高的眼睛

✦ 提示词： portrait,face to camera, light_eyes,school uniform

闪亮的眼睛 shiny_eyes

✦ 词语解析： 闪亮的眼睛是指眼睛里发出闪烁或闪耀的光芒

✦ 提示词： portrait,face to camera, shiny_eyes,school uniform

渐变眼睛 gradient_eyes

✦ 词语解析： 指眼睛颜色在不同区域或不同光线下呈现出渐变的效果

✦ 提示词： portrait,face to camera, gradient_eyes,school uniform

黯淡的眼睛 empty_eyes

✦ 词语解析： 指眼睛失去了通常情况下的光泽或明亮的外观

✦ 提示词： portrait,face to camera, empty_eyes,school uniform

✦ 空洞的眼睛 hollow_eyes ✦

✦ 词语解析： 空洞的眼睛是指眼神空洞，人物表情淡漠

✦ 提示词： portrait,face to camera, hollow_eyes,school uniform

✦ 坚定的眼睛 solid_eyes ✦

✦ 词语解析： 坚定的眼睛是指通过眼神表现出坚定和自信的状态

✦ 提示词： portrait,face to camera, solid_eyes,school uniform

✦ 邪恶的眼睛 evil_eyes ✦

✦ 词语解析： 邪恶的眼睛是指人物呈现出邪恶、凶狠或不友善的眼神

✦ 提示词： portrait,face to camera, evil_eyes,school uniform

✦ 疯狂的眼睛 crazy_eyes ✦

✦ 词语解析： 疯狂的眼睛是指人物通过眼神表现出疯狂、失控的状态

✦ 提示词： portrait,face to camera, crazy_eyes,school uniform

多彩多姿的眼睛 multicolored_eyes

✦ 词语解析: 是指眼睛的颜色或外观呈现出丰富多样的色彩变化

✦ 提示词: portrait,face to camera, multicolored_eyes,school uniform

瞳孔 pupils

✦ 词语解析: 瞳孔是指眼睛内虹膜中心的小圆孔

✦ 提示词: portrait,face to camera, pupils,school uniform

星星眼 sparkling_eyes

✦ 词语解析: 是指瞳孔的形状呈现出类似星形的特征

✦ 提示词: portrait,face to camera, sparkling_eyes,school uniform

心形眼 heart_in_eye

✦ 词语解析: 是指瞳孔的形状呈现出类似心形的特征

✦ 提示词: portrait,face to camera, heart_in_eye,school uniform

闪光动画眼 sparkling_anime_eyes

✦ 词语解析： 闪光动画眼是一种在动画或漫画中经常出现的特殊眼睛效果

✦ 提示词： portrait, face to camera, sparkling_anime_eyes, school uniform

异色症 heterochromia

✦ 词语解析： 异色症是指同一人的两只眼睛具有不同的颜色

✦ 提示词： portrait, face to camera, heterochromia, school uniform

青色眼睛 aqua_eyes

✦ 词语解析： 青色眼睛是指眼睛呈现明亮而清澈的蓝绿色调

✦ 提示词： portrait, face to camera, aqua_eyes, school uniform

蓝色眼睛 blue_eyes

✦ 词语解析： 蓝色眼睛是指眼睛呈现明亮的蓝色调

✦ 提示词： portrait, face to camera, blue_eyes, school uniform

✧✦ 棕色眼睛 brown_eyes ✦✧

- ✦ 词语解析： 棕色眼睛是指眼睛呈现棕色或褐色
- ✦ 提示词： portrait,face to camera, brown_eyes,school uniform

✧✦ 银色眼睛 silver_eyes ✦✧

- ✦ 词语解析： 银色眼睛是指眼睛呈现银灰色或银白色调
- ✦ 提示词： portrait,face to camera, silver_eyes,school uniform

✧✦ 紫色眼睛 purple_eyes ✦✧

- ✦ 词语解析： 紫色眼睛是指眼睛呈现紫色或蓝紫色调
- ✦ 提示词： portrait,face to camera, purple_eyes,school uniform

✧✦ 橙色眼睛 orange_eyes ✦✧

- ✦ 词语解析： 橙色眼睛是指眼睛呈现橙色或橘色调
- ✦ 提示词： portrait,face to camera, orange_eyes,school uniform

粉色眼睛 pink_eyes

✦ 词语解析： 粉色眼睛是指眼睛呈现粉红色调

✦ 提示词： portrait,face to camera, pink_eyes,school uniform

绿色眼睛 green_eyes

✦ 词语解析： 绿色眼睛是指眼睛呈现绿色的色调

✦ 提示词： portrait,face to camera, green_eyes,school uniform

恶魔之眼 devil_eyes

✦ 词语解析： 恶魔之眼是指通过人物眼神呈现出邪恶的表情

✦ 提示词： portrait,face to camera, devil_eyes,school uniform

眼泪 tears

✦ 词语解析： 眼泪是指从眼睛里流出的液体

✦ 提示词： portrait,face to camera, tears,school uniform

闭着一只眼 one_eye_closed

✦ 词语解析： 一只眼睛完全或部分闭上，而另一只眼睛仍然保持睁开状态

✦ 提示词： portrait,face to camera, one_eye_closed,school uniform

半闭眼 half_closed_eyes

✦ 词语解析： 半闭眼是指双眼没有完全闭上

✦ 提示词： portrait,face to camera, half_closed_eyes,school uniform

点状鼻 dot_nose

✦ 词语解析： 点状鼻是指像小圆点一样小巧的鼻子

✦ 提示词： portrait,face to camera, dot_nose,school uniform

闭上的嘴 closed_mouth

✦ 词语解析： 闭上的嘴是指嘴唇紧闭，无法看到口腔内部

✦ 提示词： portrait,face to camera, closed_mouth,school uniform

努嘴 pout

✦ 词语解析： 努嘴是指通过唇部肌肉使嘴唇向前突出

✦ 提示词： portrait,face to camera,pout,school uniform

嘴巴微张 parted_lips

✦ 词语解析： 嘴巴微张是指上下唇分开，露出些许口腔内部

✦ 提示词： portrait,face to camera,parted_lips,school uniform

张嘴 open_mouth

✦ 词语解析： 张嘴是指张开嘴巴，使口腔内部完全暴露出来

✦ 提示词： portrait,face to camera,open_mouth,school uniform

流口水 drooling

✦ 词语解析： 流口水是指唾液从口腔中流出

✦ 提示词： portrait,face to camera,drooling,school uniform

上牙 upper_teeth

✦ 词语解析： 上牙是指位于上颌（上口腔）的牙齿，也被称为上颌牙

✦ 提示词： portrait,face to camera, upper_teeth,school uniform

虎牙 fang

✦ 词语解析： 虎牙是指位于上颌侧切牙后面的一对尖锐牙齿

✦ 提示词： portrait,face to camera, fang,school uniform

锋利的牙齿 sharp_teeth

✦ 词语解析： 锋利的牙齿是指尖锐的牙齿

✦ 提示词： portrait,face to camera, sharp_teeth,school uniform

咬紧牙关 clenched_teeth

✦ 词语解析： 咬紧牙关是指将上下牙齿紧紧地闭合在一起

✦ 提示词： portrait,face to camera, clenched_teeth,school uniform

兽耳 animal_ears

✦ 词语解析： 兽耳是指拥有动物的耳朵

✦ 提示词： portrait,face to camera, animal_ears,school uniform

猫耳朵 cat_ears

✦ 词语解析： 猫耳朵通常是小而尖的，位于头部两侧

✦ 提示词： portrait,face to camera, cat_ears,school uniform

狗耳朵 dog_ears

✦ 词语解析： 不同狗的品种，其耳朵形状也各异

✦ 提示词： portrait,face to camera, dog_ears,school uniform

狐狸耳朵 fox_ears

✦ 词语解析： 狐狸耳朵通常是长而尖的，带有渐变颜色

✦ 提示词： portrait,face to camera, fox_ears,school uniform

狮子耳朵 lion_ears

✦ 词语解析： 狮子耳朵的面积比较大

✦ 提示词： portrait,face to camera, lion_ears,school uniform

老虎耳朵 tiger_ears

✦ 词语解析： 老虎耳朵呈三角形，尖锐且直立，带有纹路

✦ 提示词： portrait,face to camera, tiger_ears,school uniform

郊狼耳朵 coyote_ears

✦ 词语解析： 郊狼耳朵通常是直立且尖锐的，稍微向前倾斜

✦ 提示词： portrait,face to camera, coyote_ears,school uniform

马耳朵 horse_ears

✦ 词语解析： 马的耳朵通常是大而长的，直立或稍微向前倾斜

✦ 提示词： portrait,face to camera, horse_ears,school uniform

浣熊耳朵 raccoon_ears

✦ 词语解析: 浣熊的耳朵通常呈圆形,略微尖锐

✦ 提示词: portrait,face to camera, raccoon_ears,school uniform

熊耳朵 bear_ears

✦ 词语解析: 熊耳朵通常是圆形或微微尖锐的,较大

✦ 提示词: portrait,face to camera, bear_ears,school uniform

熊猫耳朵 panda_ears

✦ 词语解析: 熊猫耳朵通常是圆形的

✦ 提示词: portrait,face to camera, panda_ears,school uniform

松鼠耳朵 squirrel_ears

✦ 词语解析: 松鼠耳朵通常突出于头部两侧,尖锐且直立

✦ 提示词: portrait,face to camera, squirrel_ears,school uniform

老鼠耳朵 mouse_ears

✦ 词语解析： 老鼠耳朵呈圆形且也比较突出

✦ 提示词： portrait,face to camera, mouse_ears,school uniform

羊驼耳朵 alpaca_ears

✦ 词语解析： 羊驼耳朵长而尖

✦ 提示词： portrait,face to camera, alpaca_ears,school uniform

尖耳朵 pointy_ears

✦ 词语解析： 尖耳朵是指耳朵的形状尖锐、突出

✦ 提示词： portrait,face to camera, pointy_ears,school uniform

机器人耳朵 robot_ears

✦ 词语解析： 机器人耳朵是指设计用于机器人身上的人工耳朵

✦ 提示词： portrait,face to camera, robot_ears,school uniform

眼影 eyeshadow

✦ 词语解析： 一种用于装饰眼睛周围的彩妆效果

✦ 提示词： portrait,face to camera, eyeshadow,1girl,school uniform

长睫毛 long_eyelashes

✦ 词语解析： 长睫毛是指睫毛的长度相对较长

✦ 提示词： portrait,face to camera, long_eyelashes,1girl,school uniform

腮红 blush

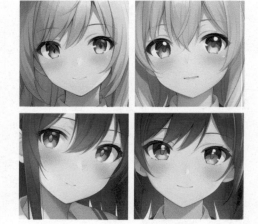

✦ 词语解析： 腮红是一种化妆品，用于给脸颊增添红润色彩

✦ 提示词： portrait,face to camera, blush,1girl,school uniform

鼻腮红 nose_blush

✦ 词语解析： 鼻腮红是指在鼻子和脸颊部位使用腮红

✦ 提示词： portrait,face to camera, nose_blush,1girl,school uniform

口红 lipstick

✦ 词语解析： 口红是一种用于涂抹在嘴唇上的化妆品

✦ 提示词： portrait,face to camera, lipstick,1girl,school uniform

唇彩 lipgloss

✦ 词语解析： 唇彩与口红类似，也是一种用于涂抹在嘴唇上的化妆品

✦ 提示词： portrait,face to camera, lipgloss,1girl,school uniform

红唇 red_lips

✦ 词语解析： 红唇是指用口红或唇彩将嘴唇涂抹成红色的化妆效果

✦ 提示词： portrait,face to camera, red_lips,1girl,school uniform

化妆 makeup

✦ 词语解析： 化妆是指使用化妆品和化妆工具来装扮外貌或强调面部特征

✦ 提示词： portrait,face to camera, makeup,1girl,school uniform

✦✦ 痣 mole ✦✦

✦ 词语解析： 痣是皮肤上的一种色素沉着，通常呈现为小而圆的斑点

✦ 提示词： portrait,face to camera, mole,school uniform

✦✦ 雀斑 freckles ✦✦

✦ 词语解析： 雀斑是一种皮肤疾病，通常呈现为小而淡褐色的斑点

✦ 提示词： portrait,face to camera, freckles,school uniform

✦✦ 额头标记 forehead_mark ✦✦

✦ 词语解析： 通过在额头上绘制特定的图案或符号来增加个人风格

✦ 提示词： portrait,face to camera, forehead_mark,school uniform

✦✦ 面部彩绘 facepaint ✦✦

✦ 词语解析： 面部彩绘是指在面部使用彩妆进行绘画装饰

✦ 提示词： portrait,face to camera, facepaint,school uniform

疤痕 scar

- 词语解析: 疤痕是皮肤损伤后愈合修复的产物
- 提示词: portrait,face to camera, scar,school uniform

面部瘀伤 bruise_on_face

- 词语解析: 面部瘀伤通常指面部出现了瘀血的情况
- 提示词: portrait,face to camera, bruise_on_face,school uniform

食物颗粒在脸上 food_on_face

- 词语解析: 指人物面部留有食物颗粒
- 提示词: portrait,face to camera, food_on_face,school uniform

小胡子 mustache

- 词语解析: 小胡子通常指男性或部分女性鼻子下方生长的细小而浓密的胡须
- 提示词: portrait,face to camera, mustache,male,school uniform

微笑 smile

✦ 词语解析： 微笑时通常嘴角上扬、牙齿微露

✦ 提示词： portrait,face to camera, smile,school uniform

善良的微笑 kind_smile

✦ 词语解析： 善良的微笑是一种温和的笑容，它传达着善意和友好

✦ 提示词： portrait,face to camera, kind_smile,school uniform

大笑 laughing

✦ 词语解析： 大笑是一种情绪高涨的欢笑

✦ 提示词： portrait,face to camera, laughing,school uniform

开心地笑 :d

✦ 词语解析： 开心地笑是人物心情愉悦的一种表现

✦ 提示词： portrait,face to camera, :d,school uniform

✦✦ 露齿咧嘴笑 grin ✦✦

✦ 词语解析： 是指嘴角向两侧拉伸，嘴巴张开，露出牙齿的笑容

✦ 提示词： portrait,face to camera, grin,school uniform

✦✦ 魅惑的微笑 seductive_smile ✦✦

✦ 词语解析： 魅惑的微笑通常伴随着上扬的嘴角、柔和的眼神和垂眼的姿态

✦ 提示词： portrait,face to camera, seductive_smile,school uniform

✦✦ 自鸣得意地笑 smirk ✦✦

✦ 词语解析： 自鸣得意地笑通常伴随着嘴角微微上扬和自信的眼神

✦ 提示词： portrait,face to camera, smirk,school uniform

✦✦ 咯咯傻笑 giggling ✦✦

✦ 词语解析： 傻笑时通常嘴巴张大，有时还可能伴随着比较活跃的肢体动作

✦ 提示词： portrait,face to camera, giggling,school uniform

洋洋得意地笑 smug

✦ 词语解析： 洋洋得意是一种自满的表情，常伴随着微笑的面庞和挺直的体态

✦ 提示词： portrait,face to camera, smug,school uniform

邪恶地笑 evil smile

✦ 词语解析： 邪恶地笑是一种让人可怕的笑容

✦ 提示词： portrait,face to camera, evil smile,school uniform

疯狂地笑 crazy_smile

✦ 词语解析： 疯狂地笑通常伴随着放声大笑、嘴巴张大，或夸张的肢体动作

✦ 提示词： portrait,face to camera, crazy_smile,school uniform

开心的眼泪 happy_tears

✦ 词语解析： 开心的眼泪通常伴随着微笑而流出来

✦ 提示词： portrait,face to camera, happy_tears,school uniform

伤心 sad

✦ 词语解析： 伤心时表现为眉头紧锁、嘴角下垂、眼神迷茫

✦ 提示词： portrait,face to camera, sad,school uniform

流泪 tear

✦ 词语解析： 眼泪从眼角滑落，并沿着脸颊流下

✦ 提示词： portrait,face to camera, tear,school uniform

大哭 crying

✦ 词语解析： 眼泪不停地流下来，有时还伴随着颤抖的嘴唇

✦ 提示词： portrait,face to camera, crying,school uniform

泪如雨下 streaming_tears

✦ 词语解析： 泪如雨下形容眼泪大量地流下来，像雨水一样密集而持续

✦ 提示词： portrait,face to camera, streaming_tears,school uniform

泪珠 teardrop

➤ 词语解析： 泪珠通常呈圆形或半圆形

➤ 提示词： portrait,face to camera, teardrop,school uniform

要哭的表情 tearing_up

➤ 词语解析： 要哭时表现为眼泪开始在眼睛内聚积，嘴角下垂、眉头紧锁等

➤ 提示词： portrait,face to camera, tearing_up,school uniform

心情不好 badmood

➤ 词语解析： 心情不好通常表现为眉头皱起，嘴角向下弯曲

➤ 提示词： portrait,face to camera, badmood,school uniform

沮丧 frustrated

➤ 词语解析： 沮丧通常表现为面部肌肉松弛下垂，嘴角向下弯曲的表情

➤ 提示词： portrait,face to camera, frustrated,school uniform

沮丧的眉头 frustrated_brow

✦ 词语解析： 沮丧的眉头常与眉毛的下垂相伴

✦ 提示词： portrait,face to camera,frustrated_brow,school uniform

忧郁的 gloom

✦ 词语解析： 忧郁时的面部表情呈呆滞状，脸部肌肉松弛，缺乏活力

✦ 提示词： portrait,face to camera,gloom,school uniform

失望的 disappointed

✦ 词语解析： 失望的表情伴随着眼神失焦、嘴角下垂和眉头微微皱起的特征

✦ 提示词： portrait,face to camera,disappointed,school uniform

绝望的 despair

✦ 词语解析： 绝望的表情通常表现为眼神呆滞、眼眶下陷、嘴角下垂

✦ 提示词： portrait,face to camera,despair,school uniform

轻蔑 disdain

✦ 词语解析： 轻蔑通常表现为嘴唇紧闭，一种轻视的表情

✦ 提示词： portrait,face to camera, disdain,school uniform

蔑视 contempt

✦ 词语解析： 蔑视通常表现为眉头紧锁，眼睛瞪大，眼神冷漠

✦ 提示词： portrait,face to camera, contempt,school uniform

皱眉 frown

✦ 词语解析： 皱眉表现为额头的皱纹和眉头紧锁，脸部肌肉紧绷

✦ 提示词： portrait,face to camera, frown,school uniform

畏缩 wince

✦ 词语解析： 畏缩的表情通常伴随眼神的躲避和眉毛的上挑

✦ 提示词： portrait,face to camera, wince,school uniform

眉头紧锁 furrowed_brow

✦ 词语解析： 眉头紧锁时眉心处会形成纵向的皱纹

✦ 提示词： portrait,face to camera, furrowed_brow,school uniform

害怕侧目 fear_kubrick

✦ 词语解析： 害怕侧目是指眼睛向侧方看，同时表情紧张

✦ 提示词： portrait,face to camera, fear_kubrick,school uniform

扬起眉毛 raised_eyebrows

✦ 词语解析： 扬起眉毛是指抬高眉毛，使之处于比平常更高的位置

✦ 提示词： portrait,face to camera, raised_eyebrows,school uniform

生气的 angry

✦ 词语解析： 生气的表情通常包括眉毛紧锁、眼神凶狠、嘴唇紧闭等

✦ 提示词： portrait,face to camera, angry,school uniform

严肃的 serious

➤ 词语解析： 严肃的表情表现为面部肌肉紧绷，眉毛皱起，嘴唇紧闭或微微下压

➤ 提示词： portrait,face to camera, serious,school uniform

侧头瞪着 kubrick_stare

➤ 词语解析： 指将头部稍微转向一侧，同时目光集中地盯着某人或某物

➤ 提示词： portrait,face to camera, kubrick_stare,school uniform

邪恶的 evil

➤ 词语解析： 邪恶的表情包括眉毛微微皱起，嘴角上翘，形成一种狡猾或挑衅的微笑

➤ 提示词： portrait,face to camera, evil,school uniform

尖叫 screaming

➤ 词语解析： 尖叫是指发出尖锐的声音，伴随着张大嘴巴和瞪大眼睛

➤ 提示词： portrait,face to camera, screaming,school uniform

害羞的 shy

✦ 词语解析： 害羞表现为面部微微泛红，眼神躲闪或望向地面，嘴唇紧闭。

✦ 提示词： portrait,face to camera, shy,school uniform

紧张的 nervous

✦ 词语解析： 紧张的表情通常表现为眉头紧锁，面部肌肉紧绷。

✦ 提示词： portrait,face to camera, nervous,school uniform

慌张的 flustered

✦ 词语解析： 慌张的表情通常表现为眼神慌忙，面部表情紧张。

✦ 提示词： portrait,face to camera, flustered,school uniform

流汗 sweat

✦ 词语解析： 流汗通常指面部或颈部出现汗水。

✦ 提示词： portrait,face to camera, sweat, school uniform

害怕的 scared

✦ 词语解析： 害怕表现为眼睛睁大，眉毛上挑，嘴巴张开或颤抖

✦ 提示词： portrait,face to camera, scared,school uniform

面无表情 expressionless

✦ 词语解析： 也称为无情或冷漠的表情，是指面部没有明显的情绪表达

✦ 提示词： portrait,face to camera, expressionless,school uniform

困乏的 sleepy

✦ 词语解析： 困乏的表情通常表现为眼睛睁不开，面部肌肉松弛

✦ 提示词： portrait,face to camera, sleepy,school uniform

喝醉的 drunk

✦ 词语解析： 喝醉的表情通常表现为眼神迷离，面部表情松弛或扭曲

✦ 提示词： portrait,face to camera, drunk,school uniform

无聊的 bored

✦ 词语解析： 无聊的表情通常表现为眼神漫无目标

✦ 提示词： portrait,face to camera, bored,school uniform

困惑的 confused

✦ 词语解析： 困惑的表情通常表现为眉头紧锁、眼神迷茫或疑惑

✦ 提示词： portrait,face to camera, confused,school uniform

坚定的 determined

✦ 词语解析： 坚定的表情通常表现为眼神坚定

✦ 提示词： portrait,face to camera, determined,school uniform

傲娇 tsundere

✦ 词语解析： 傲娇的表情通常表现为嘴角微微上扬、表情不屑

✦ 提示词： portrait,face to camera, tsundere,school uniform

病娇 yandere

➤ 词语解析： 病娇是指外表温柔善良的角色内心隐藏着病态、狂热的一面

➤ 提示词： portrait,face to camera, yandere,school uniform

嫌弃的眼神 scowl

➤ 词语解析： 嫌弃的眼神一般表现为眼神冷漠

➤ 提示词： portrait,face to camera, scowl,school uniform

抽搐 twitching

➤ 词语解析： 抽搐时面部肌肉紧绷，可能伴随着眉头皱起或嘴巴紧闭等动作

➤ 提示词： portrait,face to camera, twitching,school uniform

颤抖 trembling

➤ 词语解析： 颤抖时面部肌肉不自主地抽动

➤ 提示词： portrait,face to camera, trembling,school uniform

嫉妒 envy

✦ 词语解析： 嫉妒的表情可能表现为面部紧绷、眼神不悦、皱眉

✦ 提示词： portrait,face to camera, envy,school uniform

重呼吸 heavy_breathing

✦ 词语解析： 重呼吸时呼吸深度增加，节奏加快，可能伴随着明显的喘息声

✦ 提示词： portrait,face to camera, heavy_breathing,school uniform

孤独 lonely

✦ 词语解析： 孤独的人其面部表情消沉或悲伤，眼睛望向远方或目光空洞

✦ 提示词： portrait,face to camera, lonely,school uniform

忍耐 endured_face

✦ 词语解析： 忍耐的表情可能表现为皱眉、咬紧牙关，眼神专注或凝视前方

✦ 提示词： portrait,face to camera, endured_face,school uniform

淘气的 naughty

✦ 词语解析：淘气通常表现为嘴角向上扬起，表现出调皮的神态

✦ 提示词： portrait,face to camera, naughty,school uniform

呻吟 moaning

✦ 词语解析：人物呻吟时面部肌肉紧绷或扭曲，眉头皱起

✦ 提示词： portrait,face to camera, moaning,school uniform

黑化 dark_persona

✦ 词语解析：黑化是指原本正常的人在受到刺激后逐渐变得邪恶的过程

✦ 提示词： portrait,face to camera, dark_persona,school uniform

筋疲力尽 exhausted

✦ 词语解析：筋疲力尽是指身体和精神上极度疲劳的状态

✦ 提示词： portrait,face to camera, exhausted,school uniform

第4章

人物服饰

通过服饰的颜色、款式和细节,能够传达角色的性格特点。例如,鲜艳的颜色和夸张的造型可以表现出角色的活泼和开朗,而深沉的色调和简约的设计则可能传递出角色的内敛和神秘。

4.1 服饰样式

服饰包括上衣、裙子、裤子、袜子和鞋子等,它们都是塑造角色形象的重要元素,其样式可以表达角色的个性,塑造出独特而鲜明的形象。

上衣

上衣通常是指动漫人物穿在上半身的衣物,可以是衬衫、T恤、外套、制服等。上衣的设计可以突出角色的个性、时尚风格和身份特征。

裙子/裤子

裙子有各种长度和款式的设计,如短裙、长裙、连衣裙等,裙子的样式可以表达角色的甜美、优雅、活泼或成熟等不同特质。裤子则有长裤、短裤、牛仔裤、运动裤等多种款式,裤子的设计则可以很好地展现角色的个性、时尚感和运动能力。

袜子

袜子在动漫人物形象中常常用来搭配裙子或短裤,有各种颜色、花纹和长度的袜子,如长筒袜、中筒袜、短袜等,其样式可以增加角色形象的可爱、时尚和个性。

鞋子

鞋子是动漫人物的重要配饰,有各种款式和类型之分,如运动鞋、高跟鞋、靴子等。鞋子的设计要与服装风格相呼应,以突出角色的时尚与个性。

衬衫 shirt

✦ 词语解析： 衬衫通常由轻薄的布料制成

✦ 提示词： cowboy_shot,shirt

女式衬衫 blouse

✦ 词语解析： 女式衬衫是专为女性设计的上身服装

✦ 提示词： cowboy_shot,blouse

白衬衫 white_shirt

✦ 词语解析： 白衬衫通常采用白色的面料制成，具有简洁、干净的特点

✦ 提示词： cowboy_shot,white_shirt

有领衬衫 collared_shirt

✦➤ 词语解析： 有领衬衫是指具有衣领设计的衬衫

✦➤ 提示词： cowboy_shot,collared_shirt

西服衬衫 dress_shirt

✦➤ 词语解析： 西服衬衫是一种常见的正式衬衫款式，通常与西装搭配穿着

✦➤ 提示词： cowboy_shot,dress_shirt

水手服衬衫 sailor_shirt

✦➤ 词语解析： 水手服衬衫是一种源于海军制服的经典服装款式

✦➤ 提示词： cowboy_shot,sailor_shirt

T恤 t-shirt

✦ 词语解析： T恤是一种常见的上衣款式，它以款式简洁、穿着舒适的特点而受到大家喜爱

✦ 提示词： cowboy_shot,t-shirt

印字的T恤 writing on clothes

✦ 词语解析： 印字的T恤是指在T恤的正面或胸部位置印有文字、短语、标语或图案

✦ 提示词： cowboy_shot,writing on clothes

露肩衬衫 off-shoulder_shirt

✦ 词语解析： 露肩衬衫通常具有宽松的设计，使肩部或上臂的皮肤部分暴露出来

✦ 提示词： cowboy_shot,off-shoulder_shirt

开襟毛衣衫 cardigan

✦ 词语解析： 开襟毛衣衫是一种具有前开口设计的毛衣款式，穿着和脱下会更加方便

✦ 提示词： cowboy_shot,cardigan

交叉吊带衫 criss-cross_halter

✦ 词语解析： 交叉吊带衫是指以吊带的形式固定在肩部，然后在胸部或背部交叉

✦ 提示词： cowboy_shot,criss-cross_halter

夏威夷衫 hawaiian_shirt

✦ 词语解析： 夏威夷衫主要以热带风景、植物、花朵、动物等图案为主题，色彩鲜艳且富有个性

✦ 提示词： cowboy_shot,hawaiian_shirt

✦✦ 连帽衫 hoodie ✦✦

✦ 词语解析： 连帽衫是一款带有连帽设计的上衣，可以用拉绳调节领后部帽子的松紧度

✦ 提示词： cowboy_shot,hoodie

✦✦ 格子衬衫 plaid_shirt ✦✦

✦ 词语解析： 格子衬衫是一款带有格子图案的上衣，格子图案由不同颜色的纵横交错的线条组成

✦ 提示词： cowboy_shot,plaid_shirt

✦✦ 马球衫 polo_shirt ✦✦

✦ 词语解析： 马球衫是一款短袖上衣，带有领口

✦ 提示词： cowboy_shot,polo_shirt

正式背心 waistcoat

✦➤ 词语解析： 正式背心也被称为马甲或西装背心，通常是无袖的，是一款常见的正装

✦➤ 提示词： cowboy_shot,waistcoat

吊带背心 camisole

✦➤ 词语解析： 吊带背心肩部采用细细的吊带设计，通常露出背部

✦➤ 提示词： cowboy_shot,1girl,camisole

打结上衣 tied_shirt

✦➤ 词语解析： 打结上衣是将衣服前面的细带，通过系带的方式来装点衣服

✦➤ 提示词： cowboy_shot,1girl,tied_shirt

短上衣 crop_top

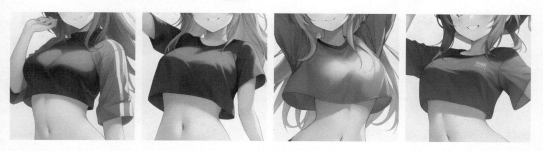

✦✧ 词语解析： 短上衣是一款长度较短的上装，露出腰部以上的肌肤，以显示人物优美的身体曲线

✦✧ 提示词： cowboy_shot,1girl,crop_top

露背装 back_cutout

✦✧ 词语解析： 露背装是一款设计独特的着装，露出背部肌肤，营造出性感和时尚的效果

✦✧ 提示词： cowboy_shot,1girl,back_cutout

紧身衣 skin_tight_garment

✦✧ 词语解析： 紧身衣营造出了女性性感和时尚的效果

✦✧ 提示词： cowboy_shot,1girl,skin_tight_garment

露腰上衣 midriff

✦➤ 词语解析： 露腰上衣是在腰部区域露出一部分皮肤，以展现 S 形的腰部线条

✦➤ 提示词： cowboy_shot,1girl,midriff

束腰服装 underbust

✦➤ 词语解析： 指一款贴身的服装，它紧密贴合身体轮廓，突出 S 形的曲线美

✦➤ 提示词： cowboy_shot,1girl,underbust

大号的衣服 oversized_clothes

✦➤ 词语解析： 大号的衣服是指比人物实际需要的尺寸还要大的服装

✦➤ 提示词： cowboy_shot,oversized_clothes

夹克衫 jacket

◆ 词语解析： 夹克衫是一种常见的外套款式，可以轻松穿脱

◆ 提示词： cowboy_shot,jacket

短款夹克 cropped_jacket

◆ 词语解析： 短款夹克是一种长度较短的夹克款式，其长度通常在腰部或腰线以上

◆ 提示词： cowboy_shot,cropped_jacket

运动夹克 track_jacket

◆ 词语解析： 运动夹克是一种用于运动和户外活动的夹克款式

◆ 提示词： cowboy_shot,track_jacket

连帽运动夹克 hooded_track_jacket

✦➤ 词语解析： 连帽运动夹克是一款具有帽子设计的运动外套，其结合了夹克的功能性和帽子的保护性

✦➤ 提示词： cowboy_shot,hooded_track_jacket

军装夹克 military_jacket

✦➤ 词语解析： 军装夹克是一款受军事装备启发而设计的外套，具有军队服装的特点和风格

✦➤ 提示词： cowboy_shot,military_jacket

迷彩夹克 camouflage_jacket

✦➤ 词语解析： 迷彩夹克是一款以迷彩图案为主的夹克外套

✦➤ 提示词： cowboy_shot,camouflage_jacket

皮夹克 leather_jacket

◆ 词语解析： 皮夹克是一款采用皮革制作的外套，通常具有时尚、个性和酷感的特点

◆ 提示词： cowboy_shot,leather_jacket

牛仔夹克 denim_jacket

◆ 词语解析： 牛仔夹克是一款以牛仔布料制成的外套，通常具有经典的牛仔风格和设计

◆ 提示词： cowboy_shot,denim_jacket

冲锋衣 windbreaker

◆ 词语解析： 冲锋衣的设计简洁实用，常于户外探险时穿着

◆ 提示词： cowboy_shot,windbreaker

毛衣 sweater

✦➤ 词语解析： 毛衣是一款由毛线编织而成的上衣，具有保暖的作用

✦➤ 提示词： cowboy_shot,sweater

罗纹毛衣 ribbed_sweater

✦➤ 词语解析： 罗纹毛衣采用罗纹编织的方式，通过交替排列的线条形成纵向的条纹效果

✦➤ 提示词： cowboy_shot,ribbed_sweater

毛衣背心 sweater_vest

✦➤ 词语解析： 毛衣背心是一种无袖的毛衣款式

✦➤ 提示词： cowboy_shot,sweater_vest

露背毛衣 backless_sweater

◆◆ 词语解析： 露背毛衣是一种设计独特的毛衣款式，其特点是在背部呈现出露背的效果

◆◆ 提示词： cowboy_shot,1girl,backless_sweater

露肩毛衣 off-shoulder_sweater

◆◆ 词语解析： 露肩毛衣是指在肩部呈现出露肩的效果，展现出女性的优雅和性感

◆◆ 提示词： cowboy_shot,1girl,off-shoulder_sweater

条纹毛衣 striped_sweater

◆◆ 词语解析： 条纹毛衣是一种常见且经典的毛衣款式，以水平或垂直的条纹图案为特征

◆◆ 提示词： cowboy_shot,striped_sweater

羽绒服 puffer_jacket

✦➤ 词语解析： 羽绒服是一款采用鸟类羽毛或合成材料填充的外套，具有保暖和防寒的效果

✦➤ 提示词： cowboy_shot,puffer_jacket

围裙 apron

✦➤ 词语解析： 围裙通常穿着于厨房、餐厅等工作场所

✦➤ 提示词： cowboy_shot,apron

腰间衣服 clothes_around_waist

✦➤ 词语解析： 腰间衣服是指将衣服系在腰部位置

✦➤ 提示词： cowboy_shot,clothes_around_waist

长摆风衣 trench_coat

✦ 词语解析： 长摆风衣是一种长度较长、摆部宽大的风衣款式

✦ 提示词： 4k,best quality,masterpiece,full body,trench_coat,smile

雨衣 raincoat

✦ 词语解析： 雨衣是一款由防水材料制成的挡雨衣服，一般具有宽松的剪裁

✦ 提示词： 4k,best quality,masterpiece,full body,raincoat,smile

大衣 overcoat

✦ 词语解析： 大衣是一款长款的外套，通常延伸到膝盖或脚踝的位置，覆盖身体的大部分或全部

✦ 提示词： 4k,best quality,masterpiece,full body,overcoat,smile

冬季大衣 winter_coat

✦ 词语解析： 冬季大衣是专为寒冷季节设计的外套，具有保暖和防寒的功能

✦ 提示词： 4k,best quality,masterpiece,full body,winter_coat,smile

连帽大衣 hooded_coat

◆ 词语解析： 连帽大衣是一款设计上带有帽子的长款外套

◆ 提示词： 4k,best quality,masterpiece,full body,hooded_coat,smile

粗呢大衣 duffel_coat

◆ 词语解析： 粗呢大衣是一款常见的冬季外套，通常使用粗纹呢绒面料制成

◆ 提示词： 4k,best quality,masterpiece,full body,duffel_coat,smile

皮草大衣 fur_coat

◆ 词语解析： 皮草大衣是一款由动物皮毛制成的外套，具有柔软、舒适和保暖的特性

◆ 提示词： 4k,best quality,masterpiece,full body,fur_coat,smile

派克大衣 parka

◆ 词语解析： 派克大衣的长度通常至大腿部位，有时还会更长

◆ 提示词： 4k,best quality,masterpiece,full body,parka,smile

冬装 winter_clothes

✦➤ 词语解析： 冬装是指在寒冷季节穿着的服饰，包括外套、毛衣和围巾等，具有较强的保暖性

✦➤ 提示词： 4k,best quality,masterpiece,full body,winter_clothes,smile

长款羽绒服 long down jacket

✦➤ 词语解析： 长款羽绒服是一种常见的冬季外套，具有优秀的保暖性能

✦➤ 提示词： 4k,best quality,masterpiece,full body,long down jacket,smile

多色款连体衣 multicolored_bodysuit

✦➤ 词语解析： 多色款连体衣强调身体的轮廓和线条

✦➤ 提示词： 4k,best quality,masterpiece,full body,multicolored_bodysuit,smile

弹力紧身衣 unitard

✦➤ 词语解析： 弹力紧身衣是一款具有高度弹性的服装，能够紧紧贴合身体

✦➤ 提示词： 4k,best quality,masterpiece,1girl,full body,unitard,smile

连衣裙 dress

✦✧ 词语解析： 连衣裙是一款单件式女性服装，采用一体式设计

✦✧ 提示词： 4k,best quality,masterpiece,dress,full body,1girl,smile

微型连衣裙 microdress

✦✧ 词语解析： 微型连衣裙是一款长度较短的连衣裙，通常露出大部分的腿部

✦✧ 提示词： 4k,best quality,masterpiece,microdress,full body,1girl,smile

长连衣裙 long_dress

◆ 词语解析： 长连衣裙是一种延伸至脚踝或地面的连衣裙款式

◆ 提示词： 4k,best quality,masterpiece,long_dress,full body,1girl,smile

露肩连衣裙 off-shoulder_dress

◆ 词语解析： 露肩连衣裙是将肩部露出，以展现迷人的肩线和锁骨

◆ 提示词： 4k,best quality,masterpiece,off-shoulder_dress,full body,1girl,smile

无肩带连衣裙 strapless_dress

✦✧ 词语解析： 无肩带连衣裙是将肩部完全露出

✦✧ 提示词： 4k,best quality,masterpiece,strapless_dress,full body,1girl,smile

露背连衣裙 backless_dress

✦✧ 词语解析： 露背连衣裙有开放式的背部设计，以展示女性的性感与优雅

✦✧ 提示词： 4k,best quality,masterpiece,backless_dress,full body,1girl,smile

绕颈露背吊带裙 halter_dress

✦ 词语解析： 绕颈露背吊带裙是指裙子的吊带围绕颈部一圈，背部则完全显露出来

✦ 提示词： 4k,best quality,masterpiece,halter_dress,full body,1girl,smile

吊带连衣裙 sundress

✦ 词语解析： 吊带连衣裙同时露出了女性的肩部和胳膊，也展示了女性的优雅

✦ 提示词： 4k,best quality,masterpiece,sundress,full body,1girl,smile

无袖连衣裙 sleeveless_dress

✦✧ 词语解析： 无袖连衣裙是指裙子上半部分没有袖子，露出了女性的肩部和胳膊

✦✧ 提示词： 4k,best quality,masterpiece,sleeveless_dress,full body,1girl,smile

水手服连衣裙 sailor_dress

✦✧ 词语解析： 水手服连衣裙是一种经典的女性连衣裙款式，具有明显的水手服元素

✦✧ 提示词： 4k,best quality,masterpiece,sailor_dress,full body,1girl,smile

围裙式连衣裙 pinafore_dress

✦ 词语解析： 围裙式连衣裙的前方通常设计成围裙的形状，也具有口袋、褶皱、装饰纽扣等细节

✦ 提示词： 4k,best quality,masterpiece,pinafore_dress,full body,1girl,smile

毛衣连衣裙 sweater_dress

✦ 词语解析： 毛衣连衣裙是一种以毛线制作而成的连衣裙款式

✦ 提示词： 4k,best quality,masterpiece,sweater_dress,full body,1girl,smile

战甲裙 armored_dress

◆ 词语解析： 战甲裙是一种结合装甲元素和连衣裙设计的服装款式

◆ 提示词： 4k,best quality,masterpiece,armored_dress,full body,1girl,smile

花边连衣裙 frilled_dress

◆ 词语解析： 花边连衣裙是一种装饰有花边细节的连衣裙款式

◆ 提示词： 4k,best quality,masterpiece,frilled_dress,full body,1girl,smile

蕾丝边连衣裙 lace-trimmed_dress

✦✧ 词语解析： 蕾丝边连衣裙是一种以蕾丝边作为主要装饰元素的连衣裙款式

✦✧ 提示词： 4k,best quality,masterpiece,lace-trimmed_dress,full body,1girl,smile

有领连衣裙 collared_dress

✦✧ 词语解析： 有领连衣裙是指在连衣裙的领口部分设计了领子的款式

✦✧ 提示词： 4k,best quality,masterpiece,collared_dress,full body,1girl,smile

毛皮镶边连衣裙 fur-trimmed_dress

✦ 词语解析： 毛皮镶边连衣裙是一种在连衣裙的边缘部分镶嵌有毛皮的款式

✦ 提示词： 4k,best quality,masterpiece,fur-trimmed_dress,full body,1girl,smile

分层连衣裙 layered_dress

✦ 词语解析： 分层连衣裙是一种在设计上具有多层叠加效果的连衣裙款式

✦ 提示词： 4k,best quality,masterpiece,layered_dress,full body,1girl,smile

百褶连衣裙 pleated_dress

✦ 词语解析： 百褶连衣裙是一种以褶皱为特点的连衣裙款式

✦ 提示词： 4k,best quality,masterpiece,pleated_dress,full body,1girl,smile

铅笔裙 pencil_dress

✦ 词语解析： 铅笔裙是一种贴身且修身的裙子款式，通常采用修身剪裁，贴合腰部和臀部线条

✦ 提示词： 4k,best quality,masterpiece,pencil_dress,full body,1girl,smile

多色款连衣裙 multicolored_dress

✦ 词语解析： 多色款连衣裙是一种具有多种颜色或色块组合的连衣裙款式

✦ 提示词： 4k,best quality,masterpiece,multicolored_dress,full body,1girl,smile

条纹连衣裙 striped_dress

✦ 词语解析： 条纹连衣裙是一种具有条纹图案的连衣裙款式

✦ 提示词： 4k,best quality,masterpiece,striped_dress,full body,1girl,smile

格子连衣裙　plaid_dress

✦ 词语解析： 格子连衣裙是一种具有格纹图案的连衣裙款式

✦ 提示词： 4k,best quality,masterpiece,plaid_dress,full body,1girl,smile

波点连衣裙　polka_dot_dress

✦ 词语解析： 波点连衣裙是一种具有波点图案的连衣裙款式

✦ 提示词： 4k,best quality,masterpiece,polka_dot_dress,full body,1girl,smile

印花连衣裙 print_dress

◆✦ 词语解析： 印花连衣裙是一种具有印花图案装饰的连衣裙款式

◆✦ 提示词： 4k,best quality,masterpiece,print_dress,full body,1girl,smile

竖条纹连衣裙 vertical-striped_dress

◆✦ 词语解析： 竖条纹连衣裙是一种以竖直方向排列的条纹图案装饰的连衣裙款式

◆✦ 提示词： 4k,best quality,masterpiece,vertical-striped_dress,full body,1girl,smile

背带裙 suspender_long_skirt

✦ 词语解析： 背带裙是一款具有背带设计的裙子

✦ 提示词： 4k,best quality,masterpiece,suspender_long_skirt,full body,1girl,smile

和服裙 kimono_skirt

✦ 词语解析： 和服裙是一种传统的日本服饰，裙子后面有大片后摆

✦ 提示词： 4k,best quality,masterpiece,kimono_skirt,full body,1girl,smile

蓬蓬裙 bubble_skirt

✦➤ 词语解析： 蓬蓬裙,也称为蓬松裙或蓬蓬短裙,是一款具有蓬松效果的裙子

✦➤ 提示词： 4k,best quality,masterpiece,bubble_skirt,full body,1girl,smile

有蝴蝶结的裙子 dress_bow

✦➤ 词语解析： 指裙子上带有蝴蝶结的装饰

✦➤ 提示词： 4k,best quality,masterpiece,dress_bow,full body,1girl,smile

迷你裙 miniskirt

✦➤ 词语解析： 迷你裙是一款长度较短的裙子，通常裙摆位于大腿中部或以上

✦➤ 提示词： 4k,best quality,masterpiece,miniskirt,lower body,1girl

比基尼裙 bikini_skirt

✦➤ 词语解析： 比基尼裙是一款女性泳装裙

✦➤ 提示词： 4k,best quality,masterpiece,bikini_skirt,lower body,1girl

百褶裙 pleated_skirt

✦➤ 词语解析： 百褶裙是一款以多层褶皱设计为特点的裙装

✦➤ 提示词： 4k,best quality,masterpiece,pleated_skirt,lower body,1girl

短铅笔裙 pencil_skirt

✦ 词语解析： 短铅笔裙是一款长度较短且贴身的裙装

✦ 提示词： 4k,best quality,masterpiece,pencil_skirt,lower body,1girl

皮带裙 beltskirt

✦ 词语解析： 皮带裙是一款使用皮带或腰带装饰的裙子

✦ 提示词： 4k,best quality,masterpiece,beltskirt,lower body,1girl

牛仔裙 denim_skirt

 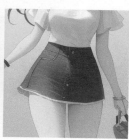  

✦ 词语解析： 牛仔裙是一款使用牛仔布料制作的裙子

✦ 提示词： 4k,best quality,masterpiece,denim_skirt,lower body,1girl

短裤 shorts

✦➤ 词语解析： 短裤是一种裤子的款式，其特点是长度较短，通常止于膝盖以上或大腿中部

✦➤ 提示词： lower body,1girl,shorts

热裤 cutoffs

  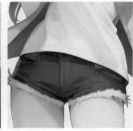 

✦➤ 词语解析： 热裤的长度通常只到大腿中部甚至根部，以展示腿部曲线和肌肤，突出身体的魅力和性

✦➤ 提示词： lower body,1girl,cutoffs

牛仔短裤 denim_shorts

✦➤ 词语解析： 牛仔短裤是一款以牛仔布料制作的短裤，它是牛仔风格的经典代表之一

✦➤ 提示词： lower body,1girl,denim_shorts

海豚短裤 dolphin_shorts

◆ 词语解析： 海豚短裤是一款短款的休闲裤，得名于其设计灵感源自海豚

◆ 提示词： lower body,1girl,dolphin_shorts

自行车短裤 bike_shorts

  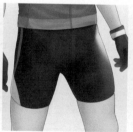 

◆ 词语解析： 自行车短裤是专为骑行者设计的功能性短裤，采用贴身剪裁，以确保紧密贴合身体

◆ 提示词： lower body,1girl,bike_shorts

灯笼裤 bloomers

 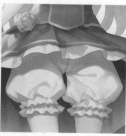  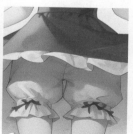

◆ 词语解析： 灯笼裤是一款特殊设计的裤子，其特点是裤腿宽松而下摆收紧，形似灯笼

◆ 提示词： lower body,1girl,bloomers

紧身裤 tight_pants

✦ 词语解析： 紧身裤是一款贴身设计的裤子，其特点是紧贴身体轮廓，突显身形线条

✦ 提示词： 4k,best quality,masterpiece,full body,tight_pants,smile

运动裤 track_pants

✦ 词语解析： 运动裤通常采用宽松的设计，以提供舒适的穿着体验和足够的活动空间

✦ 提示词： 4k,best quality,masterpiece,full body,track_pants,smile

长裤 pants

- 词语解析： 长裤的长度通常延伸至脚踝部位或更长
- 提示词： 4k,best quality,masterpiece,full body,pants,smile

蓬松裤/宽松裤 puffy_pants

- 词语解析： 一种宽松剪裁的裤子款式，给人一种舒适、自由的感觉
- 提示词： 4k,best quality,masterpiece,full body,puffy_pants,smile

哈伦裤 harem_pants

✦ 词语解析： 哈伦裤裤身的剪裁比较宽松，裤腿逐渐收紧至脚踝部分

✦ 提示词： 4k,best quality,masterpiece,full body,harem_pants,smile

牛仔裤 jeans

✦ 词语解析： 牛仔裤是一款由牛仔布制成的裤子，常常带有经典的牛仔元素

✦ 提示词： 4k,best quality,masterpiece,full body,jeans,smile

工装裤 cargo_pants

◆ 词语解析： 工装裤通常具有多个口袋和工具搭扣，以便携带和存放各种工具或物品

◆ 提示词： 4k,best quality,masterpiece,full body,cargo_pants,smile

迷彩裤 camouflage_pants

◆ 词语解析： 迷彩裤是一种以迷彩图案为主的裤子款式，常穿着于户外活动中

◆ 提示词： 4k,best quality,masterpiece,full body,camouflage_pants,smile

七分裤 capri_pants

✦ 词语解析: 七分裤是一种长度略短于传统长裤的裤子款式，通常裤腿长度在小腿的位置

✦ 提示词: 4k,best quality,masterpiece,full body,capri_pants,smile

洞洞裤 torn_pants

✦ 词语解析: 洞洞裤给人一种叛逆的感觉

✦ 提示词: 4k,best quality,masterpiece,full body,torn_pants,smile

连裤袜 pantyhose

◆ 词语解析： 连裤袜是一款延伸至脚部的长袜，通常与裙子、短裤或连衣裙搭配穿着

◆ 提示词： 4k,best quality,masterpiece,pantyhose,full body,1girl,smile

连体白丝袜 white_bodystocking

◆ 词语解析： 连体白丝袜是一款连体式的丝质长袜，以白色为主色调

◆ 提示词： 4k,best quality,masterpiece,white_bodystocking,full body,1girl,smile

白色长筒袜 white_thighhighs

✦ 词语解析： 白色长筒袜是一款延伸至膝盖以上部位的长款袜子，以白色为主色调

✦ 提示词： 4k,best quality,masterpiece,white_thighhighs,full body,1girl,smile

竖条纹袜 vertical-striped_legwear

✦ 词语解析： 竖条纹袜是一款具有竖向条纹的长袜

✦ 提示词： 4k,best quality,masterpiece,vertical-striped_legwear,full body,1girl,smile

横条纹袜 striped_legwear

- 词语解析： 横条纹袜是一款具有横向条纹的袜子
- 提示词： 4k,best quality,masterpiece,striped_legwear,full body,1girl,smile

圆点袜 polka_dot_legwear

- 词语解析： 圆点袜是一款具有圆形斑点图案的袜子
- 提示词： 4k,best quality,masterpiece,polka_dot_legwear,full body,1girl,smile

大腿缎带　thigh_ribbon

- 词语解析：　大腿缎带是一种饰品，通常绑在大腿部位
- 提示词：　4k,best quality,masterpiece,thigh_ribbon,full body,1girl,smile

菱形花纹裤袜　argyle_legwear

- 词语解析：　菱形花纹裤袜是一款具有菱形图案的袜子
- 提示词：　4k,best quality,masterpiece,argyle_legwear,full body,1girl,smile

带蝴蝶结的裤袜 bow_legwear

✦ 词语解析： 带蝴蝶结的裤袜是一款装饰性很强的袜子，通常在腿部附有蝴蝶结装饰

✦ 提示词： 4k,best quality,masterpiece,bow_legwear,full body,1girl,smile

日式厚底短袜（足袋）tabi

✦ 词语解析： 这是一款传统的日本袜子，具有特殊的分裂式设计，将大脚趾与其他四个脚趾分开

✦ 提示词： 4k,best quality,masterpiece,tabi,full body,1girl,smile

中筒袜 kneehighs

◆ 词语解析： 中筒袜是一款长度位于小腿中部的袜子

◆ 提示词： lower body,kneehighs

短袜 socks

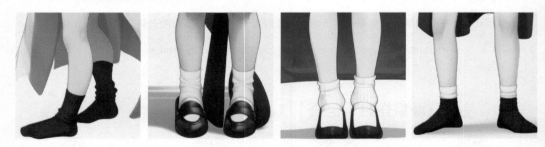

◆ 词语解析： 短袜是一款长度较短的袜子，通常仅覆盖脚踝部分

◆ 提示词： lower body,socks

横条短袜 striped_socks

◆ 词语解析： 横条纹袜是一款具有横向条纹图案的袜子

◆ 提示词： lower body,striped_socks

厚底鞋 platform_footwear

  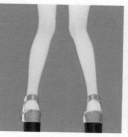 

◆▶ 词语解析： 厚底鞋是指在鞋底部分增加了额外厚度的鞋子

◆▶ 提示词： lower body,platform_footwear

高跟鞋 high_heels

◆▶ 词语解析： 高跟鞋是一种高跟的鞋

◆▶ 提示词： lower body,high_heels

凉鞋 sandals

◆▶ 词语解析： 凉鞋是一款裸露脚部皮肤的鞋子

◆▶ 提示词： lower body,sandals

木屐凉鞋 clog_sandals

✦➤ 词语解析： 木屐凉鞋，结合了木屐和凉鞋的特点，具有木制的底部，而鞋面则采用凉鞋的设计

✦➤ 提示词： lower body,clog_sandals

木屐 geta

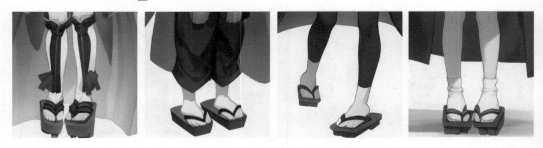

✦➤ 词语解析： 木屐是一种传统的鞋子，特点是底和履齿由木头制成

✦➤ 提示词： lower body,geta

拖鞋 slippers

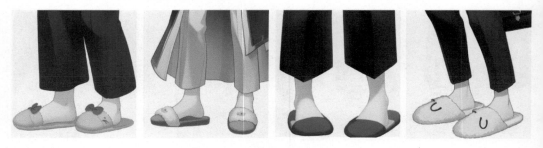

✦➤ 词语解析： 拖鞋是一种轻便舒适的在室内穿着的鞋子

✦➤ 提示词： lower body,slippers

溜冰鞋 skates

◆ 词语解析： 溜冰鞋是一种专门用于在冰面上滑行的鞋子

◆ 提示词： lower body,skates

直排轮滑鞋 inline_skates

◆ 词语解析： 直排轮滑鞋是一种滑轮鞋类

◆ 提示词： lower body,inline_skates

靴子 boots

◆ 词语解析： 靴子通常具有较高的筒状设计

◆ 提示词： lower body,boots

系带靴 cross-laced_footwear

✦➤ 词语解析： 系带靴是一种在脚踝或小腿部分带有系带或绑带的靴子

✦➤ 提示词： lower body,cross-laced_footwear

毛边靴子 fur-trimmed_boots

✦➤ 词语解析： 毛边靴子是指在靴口周围装饰有毛边的靴子

✦➤ 提示词： lower body,fur-trimmed_boots

雪地靴 snow_boots

✦➤ 词语解析： 雪地靴是一种专为在雪地或寒冷天气中穿着而设计的靴子

✦➤ 提示词： lower body,snow_boots

雨靴 rain_boots

✦➤ 词语解析： 雨靴是一种专为在雨天穿着而设计的靴子

✦➤ 提示词： lower body,rain_boots

高跟靴 high_heel_boots

✦➤ 词语解析： 高跟靴是指鞋跟部分较高的靴子

✦➤ 提示词： lower body,high_heel_boots

运动鞋 sneakers

✦➤ 词语解析： 运动鞋是专为运动和日常休闲穿着而设计的鞋子

✦➤ 提示词： lower body,sneakers

4.2 服装风格

服装风格多种多样，人物角色通过穿着各式服装来表现其鲜明个性。

日常休闲

这种风格的服装通常以舒适、休闲为主，适用于描绘日常生活场景的动漫作品。简洁的T恤、牛仔裤、连帽衫等，都能给人一种轻松自在的感觉。

学生校服

学生校服是许多校园题材动漫作品中常见的服装风格。制服、校徽、领带等，可以很好地突出学生的身份和年轻的形象。

古风和服

这类服装风格常出现在历史、神话或古代题材的动漫作品中，它们展现出了古典的美感。

战斗制服

在战斗、冒险或超能力题材的动漫作品中，人物可能穿着具有特殊功能的战斗制服，以突显角色的战斗能力。

休闲装 casual

✦✧ 词语解析： 休闲装是指适合日常休闲活动穿着的服装，注重自由度和休闲感

✦✧ 提示词： 4k,best quality,masterpiece,casual,full body,smile

家居服 loungewear

✦✧ 词语解析： 家居服是指在家中休息或操持家务时穿着的服装，强调轻松和随意的风格

✦✧ 提示词： 4k,best quality,masterpiece,loungewear,full body,smile

卫衣 hoodie

- 词语解析： 卫衣是一款休闲服装，具有宽松的设计
- 提示词： 4k,best quality,masterpiece,hoodie,full body,smile

登山服 mountaineering clothes

- 词语解析： 登山这种户外运动的必备装备之一
- 提示词： 4k,best quality,masterpiece,mountaineering clothes,full body,smile

睡衣 pajamas

◆ 词语解析： 睡衣是指睡眠时穿着的服装，一般具有长袖设计

◆ 提示词： 4k,best quality,masterpiece,pajamas,full body,smile

女士睡衣 nightgown

◆ 词语解析： 一种轻盈的睡衣款式，具有细细的吊带和露肩设计，以展示女性的优雅和魅力

◆ 提示词： 4k,best quality,masterpiece,nightgown,full body,1girl,smile

印花睡衣 print_pajamas

- 词语解析： 印花睡衣是指睡衣上印有各式花纹、图案的款式
- 提示词： 4k,best quality,masterpiece,print_pajamas,full body,1girl,smile

波点睡衣 polka_dot_pajamas

- 词语解析： 波点睡衣是一种具有波点图案的睡衣款式
- 提示词： 4k,best quality,masterpiece,polka_dot_pajamas,full body,1girl,smile

浴衣 yukata

◆ 词语解析： 浴衣是一种传统的日本服饰，通常穿着于夏祭庆典

◆ 提示词： 4k,best quality,masterpiece,yukata,full body,smile

浴袍 bathrobe

◆ 词语解析： 浴袍是沐浴前后所穿的衣服，特点是宽大而舒适

◆ 提示词： 4k,best quality,masterpiece,bathrobe,full body,smile

运动服 sportswear

◆ 词语解析： 运动服是专门用于进行各类体育运动或比赛的服装

◆ 提示词： 4k,best quality,masterpiece,sportswear,full body,smile

拳击服 boxing suit

◆ 词语解析： 拳击服是专门用于进行拳击运动的服装

◆ 提示词： 4k,best quality,masterpiece,boxing suit,full body,smile

紧身连衣裤 athletic_leotard

✦✧ 词语解析： 舞者或运动员在训练或比赛中穿着的紧身连衣裤

✦✧ 提示词： 4k,best quality,masterpiece,athletic_leotard,full body,1girl,smile

排球服 volleyball_uniform

✦✧ 词语解析： 排球服是专门为排球比赛设计的运动服装

✦✧ 提示词： 4k,best quality,masterpiece,volleyball_uniform,full body,smile

网球衫 tennis_uniform

◆ 词语解析： 网球衫是专门为网球比赛和训练设计的运动上衣，通常与网球短裤或网球裙搭配穿着

◆ 提示词： 4k,best quality,masterpiece,tennis_uniform,full body,smile

棒球服 baseball_uniform

◆ 词语解析： 棒球服是专门为棒球比赛和训练设计的运动服装，由上衣和长裤两部分组成

◆ 提示词： 4k,best quality,masterpiece,baseball_uniform,full body,smile

橄榄球服 rugby_wear

✦✧ 词语解析： 橄榄球服是专门为橄榄球运动设计的服装

✦✧ 提示词： 4k,best quality,masterpiece,rugby_wear,full body,smile

摔跤服 wrestling_outfit

✦✧ 词语解析： 摔跤服是专门为摔跤运动设计的服装

✦✧ 提示词： 4k,best quality,masterpiece,wrestling_outfit,full body,smile

泳装 swimsuit

✦➤ 词语解析： 泳装是专门为游泳和水上活动设计的服装

✦➤ 提示词： 4k,best quality,masterpiece,swimsuit,full body,smile

学校泳装 school_swimsuit

✦➤ 词语解析： 学校泳装通常是指学校规定的学生在上游泳课或参加校际比赛时需要穿着的泳装

✦➤ 提示词： 4k,best quality,masterpiece,school_swimsuit,full body,1girl,smile

赛用泳衣 competition_swimsuit

◆ 词语解析： 赛用泳衣是专为竞技游泳设计的高性能泳衣，它能够有效地减小水阻力

◆ 提示词： 4k,best quality,masterpiece,competition_swimsuit,full body,1girl,smile

拉链在正面的泳衣 front_zipper_swimsuit

◆ 词语解析： 拉链在正面的泳衣是指正面的中央区域配有拉链，使得穿脱更加方便

◆ 提示词： 4k,best quality,masterpiece,front_zipper_swimsuit,full body,1girl,smile

比基尼 bikini

- 词语解析： 比基尼通常由上衣和下装组成，上衣是细肩带的设计，下装通常是低腰设计
- 提示词： 4k,best quality,masterpiece,bikini,full body,1girl,smile

格子比基尼 plaid_bikini

- 词语解析： 格子比基尼是在普通比基尼的基础上增加了一些装饰图案
- 提示词： 4k,best quality,masterpiece,plaid_bikini,full body,1girl,smile

无肩带比基尼 strapless_bikini

◆➤ 词语解析： 无肩带比基尼是一款没有肩带设计的女性泳装

◆➤ 提示词： 4k,best quality,masterpiece,strapless_bikini,full body,1girl,smile

侧系带式比基尼 side-tie_bikini

◆➤ 词语解析： 侧系带式比基尼是一款侧边系带设计的女性泳装

◆➤ 提示词： 4k,best quality,masterpiece,side-tie_bikini,full body,1girl,smile

前系带比基尼上衣 front-tie_bikini_top

✧ 词语解析： 前系带比基尼上衣是指在胸前具有系带设计的女性泳装上衣

✧ 提示词： 4k,best quality,masterpiece,front-tie_bikini_top,full body,1girl,smile

多绑带比基尼 multi-strapped_bikini

✧ 词语解析： 多绑带比基尼是指在上衣和下装上有多条绑带设计的女性泳装

✧ 提示词： 4k,best quality,masterpiece,multi-strapped_bikini,full body,1girl,smile

花边比基尼 frilled_bikini

- 词语解析： 花边比基尼是指在上衣和下装的边缘或细节部位使用花边作为装饰的女性泳装
- 提示词： 4k,best quality,masterpiece,frilled_bikini,full body,1girl,smile

比基尼裙 bikini_skirt

- 词语解析： 比基尼裙是一种将比基尼底裤与蓬裙结合在一起的女性泳装
- 提示词： 4k,best quality,masterpiece,bikini_skirt,full body,1girl,smile

女仆比基尼 maid_bikini

✦ 词语解析： 女仆比基尼是一款具有女仆装饰元素的比基尼上衣和底裤

✦ 提示词： 4k,best quality,masterpiece,maid_bikini,full body,1girl,smile

水手服款比基尼 sailor_bikini

✦ 词语解析： 水手服款比基尼是一款具有水手服元素的比基尼上衣和底裤

✦ 提示词： 4k,best quality,masterpiece,sailor_bikini,full body,1girl,smile

运动比基尼 sports_bikini

✦✧ 词语解析： 运动比基尼是一款专为运动和水上活动设计的比基尼泳装

✦✧ 提示词： 4k,best quality,masterpiece,sports_bikini,full body,1girl,smile

带 O 型环的比基尼 o-ring_bikini

✦✧ 词语解析： 此款比基尼通常在上衣的连接处使用了一个 O 型环，以增添个性

✦✧ 提示词： 4k,best quality,masterpiece,o-ring_bikini,full body,1girl,smile

带蝴蝶结的比基尼 bow_bikini

✦ 词语解析： 带蝴蝶结的比基尼通常是在普通比基尼的上衣或底裤处带有蝴蝶结装饰，增添了个性化的元素

✦ 提示词： 4k,best quality,masterpiece,bow_bikini,full body,smile

条纹泳衣 striped_swimsuit

✦ 词语解析： 条纹泳衣是一款具有条纹图案的泳衣

✦ 提示词： 4k,best quality,masterpiece,striped_swimsuit,full body,1girl,smile

泳裤 swim_briefs

- 词语解析： 泳裤是专门用于游泳的裤子，以提供舒适的水下运动体验
- 提示词： 4k,best quality,masterpiece,swim_briefs,full body,smile

泳帽 swim_cap

- 词语解析： 泳帽是一款用于保护头发和提高游泳性能的帽子
- 提示词： 4k,best quality,masterpiece,swim_cap,full body,smile

汉服 hanfu

✦ 词语解析： 汉服是中国传统的服饰

✦ 提示词： 4k,best quality,masterpiece,hanfu,full body,smile

武道服 martial arts uniform

✦ 词语解析： 练武时穿着的一种服饰

✦ 提示词： 4k,best quality,masterpiece,martial arts uniform,full body,smile

长袍 robe

✦ 词语解析： 长袍是一种长款的外套或服装，通常延伸到脚踝或及地

✦ 提示词： 4k,best quality,masterpiece,robe,full body,smile

混合长袍 robe_of_blending

✦ 词语解析： 混合长袍是一种将不同文化和风格元素融合在一起的服装设计

✦ 提示词： 4k,best quality,masterpiece,robe_of_blending,full body,smile

斗篷 cloak

✦ 词语解析： 斗篷是一款有帽子的披风，可以用于防风御寒

✦ 提示词： 4k,best quality,masterpiece,cloak,full body,smile

皮毛镶边斗篷 fur-trimmed cloak

✦ 词语解析： 皮毛镶边的斗篷的边缘有一圈皮毛装饰，皮毛还能增加斗篷的保暖性

✦ 提示词： 4k,best quality,masterpiece,fur-trimmed cloak,full body,smile

舞娘服 harem_outfit

✦ 词语解析： 舞娘服是一种传统的舞蹈表演服饰

✦ 提示词： 4k,best quality,masterpiece,harem_outfit,full body,1girl,smile

盔甲 armor

✦ 词语解析： 盔甲是一种用于保护身体的防护装备，在古代被广泛应用于战争和军事活动中

✦ 提示词： 4k,best quality,masterpiece,armor,full body,smile

西装 suit

✦ 词语解析： 西装，又称西服，其具有深厚的文化内涵

✦ 提示词： 4k,best quality,masterpiece,suit,full body,smile

正装 formal_dress

✦ 词语解析： 正装通常是指在正式场合或特殊场合穿着的服装

✦ 提示词： 4k,best quality,masterpiece,formal_dress,full body,smile

晚礼服 evening_gown

✦ 词语解析： 晚礼服通常是指在晚宴、舞会或重要的庆典活动中穿着的礼服

✦ 提示词： 4k,best quality,masterpiece,evening_gown,full body,smile

和服 japanese_clothes

✦ 词语解析： 和服是日本传统的服装

✦ 提示词： 4k,best quality,masterpiece,japanese_clothes,full body,smile

短和服 short_kimono

✦✧ 词语解析： 短和服是和服的一种变体，与传统的长袍式和服相比，短和服的长度更短

✦✧ 提示词： 4k,best quality,masterpiece,short_kimono,full body,1girl,smile

无袖和服 sleeveless_kimono

✦✧ 词语解析： 无袖和服是一种没有袖子的和服款式

✦✧ 提示词： 4k,best quality,masterpiece,sleeveless_kimono,full body,1girl,smile

旗袍 cheongsam

✦ 词语解析： 旗袍是中国传统的女性服装，可兼作礼服与常服

✦ 提示词： 4k,best quality,masterpiece,cheongsam,full body,1girl,smile

婚纱 wedding_dress

✦ 词语解析： 婚纱是结婚仪式上新娘穿着的特殊礼服，通常是白色的，象征着纯洁和庄重

✦ 提示词： 4k,best quality,masterpiece,wedding_dress,full body,1girl,smile

空乘制服 flight attendant uniform

✦ 词语解析： 空乘制服是空姐、空少及机长等机场服务人员专门穿着的统一服装

✦ 提示词： 4k,best quality,masterpiece,flight attendant uniform,full body,smile

校服 school_uniform

✦ 词语解析： 校服是指学生在学校里穿着的统一服装

✦ 提示词： 4k,best quality,masterpiece,school_uniform,full body,smile

水手服 sailor

✦✧ 词语解析： 水手服是一种经典的服装款式，最初源自海军的制服

✦✧ 提示词： 4k,best quality,masterpiece,sailor,full body,smile

幼儿园制服 kindergarten_uniform

✦✧ 词语解析： 幼儿园制服一般是由幼儿园统一制作的服装

✦✧ 提示词： 4k,best quality,masterpiece,kindergarten_uniform,full body,smile

警服 police_uniform

✦ 词语解析： 警服是指警察在执行公务时穿着的服装，用于标识和识别警察身份

✦ 提示词： 4k,best quality,masterpiece,police_uniform,full body,smile

海军制服 naval_uniform

✦ 词语解析： 海军制服是指海军人员在执行任务和正式场合中穿着的服装

✦ 提示词： 4k,best quality,masterpiece,naval_uniform,full body,smile

陆军制服 military_uniform

✦ 词语解析： 陆军制服是指陆军人员在执行任务和正式场合中穿着的服装

✦ 提示词： 4k,best quality,masterpiece,military_uniform,full body,smile

职场制服 business_suit

✦ 词语解析： 职场制服通常是指在工作场所穿着的服装

✦ 提示词： 4k,best quality,masterpiece,business_suit,full body,smile

乐队制服 band_uniform

✦ 词语解析： 乐队制服是指乐队成员在演出时所穿着的统一服装

✦ 提示词： 4k,best quality,masterpiece,band_uniform,full body,smile

航天服 space_suit

✦ 词语解析： 航天服是航天员在太空执行任务时所穿着的特殊服装

✦ 提示词： 4k,best quality,masterpiece,space_suit,full body,smile

中国服饰 china_dress

✦ 词语解析： 中国服饰是指具有中国传统文化元素的服装和饰品

✦ 提示词： 4k,best quality,masterpiece,china_dress,full body,smile

民族服装 traditional_clothes

✦ 词语解析： 民族服装是指具有民族特色的服装

✦ 提示词： 4k,best quality,masterpiece,traditional_clothes,full body,smile

韩服 hanbok

✦➤ 词语解析： 韩服是一种传统服饰

✦➤ 提示词： 4k,best quality,masterpiece,hanbok,1girl,full body,smile

西部牛仔风格 western_denim_style

✦➤ 词语解析： 西部牛仔风格源自美国西部地区的服饰风格和文化特征

✦➤ 提示词： 4k,best quality,masterpiece,western_denim_style,full body,smile

德国服装 german_clothes

✦✧ 词语解析： 德国服装简约而精致，注重实用性

✦✧ 提示词： 4k,best quality,masterpiece,german_clothes,full body,smile

哥特风格 gothic

✦✧ 词语解析： 哥特风格突出了独特的黑暗、神秘、个性化的特点

✦✧ 提示词： 4k,best quality,masterpiece,gothic,full body,1girl,smile

洛丽塔风格 lolita

✦✧ 词语解析： 洛丽塔风格的服装强调可爱、浪漫和复古的特点

✦✧ 提示词： 4k,best quality,masterpiece,lolita,full body,1girl,smile

印度风格 indian_style

✦✧ 词语解析： 印度风格的服装也是一种传统服装

✦✧ 提示词： 4k,best quality,masterpiece,indian_style,full body,1girl,smile

阿伊努人的服饰 ainu_clothes

✦➤ 词语解析： 阿伊努人是日本北部的原住民族群体，服饰通常体现了他们的文化、信仰和生活方式

✦➤ 提示词： 4k,best quality,masterpiece,ainu_clothes,full body,smile

阿拉伯服饰 arabian_clothes

✦➤ 词语解析： 阿拉伯服饰是指源自阿拉伯地区的传统服饰

✦➤ 提示词： 4k,best quality,masterpiece,arabian_clothes,full body,1boy,smile

埃及风格服饰 egyptian_clothes

✦➤ 词语解析： 埃及风格服饰是指源自埃及的传统服饰

✦➤ 提示词： 4k,best quality,masterpiece,egyptian_clothes,full body,smile

动物系套装 animal_costume

✦➤ 词语解析： 动物系套装是指模仿或借鉴了动物特征的服装

✦➤ 提示词： 4k,best quality,masterpiece,animal_costume,full body,smile

万圣节服装 halloween_costume

◆➤ 词语解析: 万圣节服装是指在万圣节当天穿着的特殊服装

◆➤ 提示词: 4k,best quality,masterpiece,halloween_costume,full body,smile

圣诞装 santa

◆➤ 词语解析: 圣诞装是指在圣诞节期间穿着的特殊服装

◆➤ 提示词: 4k,best quality,masterpiece,santa,full body,smile

4.3 其他装饰

装饰是为了增添角色特色或突出其个性。在不同的场合和角色扮演中,可以通过不同的装饰进行搭配和设计,以更好地展现角色的特点和风格。

头部装饰

头部装饰是指用于装饰人物头部的物品和配饰,如帽子、头巾、头饰、发饰等。

面部装饰

面部装饰是指人物面部的装饰物,如眼镜、口罩等,它可以强调特定的人物特征。

面具

面具,可以是遮盖整个面部的面具,也可以是局部遮盖的部分面具。

角

角是一种特殊的饰物,可以为人物增添一份神秘的特征。

✦ 日常装饰

日常装饰是指平常生活中常见的装饰物,可以增添个人魅力,展示个人喜好。

✦ 特征装饰

特征装饰是指用于突出人物特征或身份的装饰物,可以强调人物的职业或社会地位。

✦ 特殊装饰

特殊装饰是指在特定场合使用的装饰物,通常与节日庆典、舞台演出或角色扮演相关。

眼镜 glasses

- **词语解析**：眼镜由镜片和眼镜框组成，可以改善视力问题
- **提示词**：portrait,face to camera, glasses,school uniform

红框眼镜 red-framed_eyewear

- **词语解析**：红框眼镜的镜框为红色，可作为时尚配饰
- **提示词**：portrait,face to camera, red-framed_eyewear,school uniform

圆框眼镜 round_eyewear

- **词语解析**：圆框眼镜的镜框呈圆形，具有复古和时尚的风格
- **提示词**：portrait,face to camera, round_eyewear,school uniform

蓝框眼镜 blue-framed_eyewear

- **词语解析**：蓝框眼镜的镜框颜色为蓝色，是前卫和青春的象征
- **提示词**：portrait,face to camera, blue-framed_eyewear,school uniform

太阳镜 sunglasses

→ 词语解析： 太阳镜用于阻挡阳光直射眼睛，它有丰富的款式

→ 提示词： portrait, face to camera, sunglasses, school uniform

风镜 goggles

→ 词语解析： 风镜具有密封性的镜框设计，能够防御风沙

→ 提示词： portrait, face to camera, goggles, school uniform

头盔 helmet

→ 词语解析： 头盔是一种用于保护头部的装备，通常由坚固的材料制成

→ 提示词： portrait, face to camera, helmet, school uniform

遮阳帽舌 visor

→ 词语解析： 遮阳帽舌是指帽子前方特别延长的部分

→ 提示词： portrait, face to camera, visor, school uniform

花耳环 flower_earrings

✦ 词语解析： 花耳环是一种以花朵为设计元素的耳饰

✦ 提示词： portrait,face to camera, flower_earrings,1girl,school uniform

心形耳环 heart_earrings

✦ 词语解析： 心形耳环是一种以心形装饰物为设计元素的耳环

✦ 提示词： portrait,face to camera, heart_earrings,1girl,school uniform

环状耳环 hoop_earrings

✦ 词语解析： 环状耳环是一种形状呈环状的耳饰，显得简约、时尚

✦ 提示词： portrait,face to camera, hoop_earrings,1girl,school uniform

骷髅耳环 skull_earrings

✦ 词语解析： 骷髅耳环是以骷髅头骨为设计元素的耳饰

✦ 提示词： portrait,face to camera, skull_earrings,1girl,school uniform

十字耳环 cross_earrings

✦ 词语解析： 十字耳环通常由金属材料制成，呈现出十字交叉的设计

✦ 提示词： portrait,face to camera, cross_earrings,1girl,school uniform

水晶耳环 crystal_earrings

✦ 词语解析： 水晶耳环由水晶制成，具有透明或半透明的外观

✦ 提示词： portrait,face to camera, crystal_earrings,1girl,school uniform

星形耳环 star_earrings

✦ 词语解析： 星形耳环是以星星为设计元素的耳饰

✦ 提示词： portrait,face to camera, star_earrings,1girl,school uniform

耳罩 earmuffs

✦ 词语解析： 耳罩通常由柔软的材料制成，可以覆盖整只耳朵

✦ 提示词： portrait,face to camera, earmuffs,1girl,school uniform

耳机 earphones

✦ 词语解析：利用耳机可以独自聆听音乐

✦ 提示词： portrait,face to camera, earphones,school uniform

女仆头饰 maid_headdress

✦ 词语解析：女仆头饰是女仆的重要标志之一

✦ 提示词： portrait,face to camera, maid_headdress,1girl,school uniform

新娘头纱 bridal_veil

✦ 词语解析：新娘头纱常由薄纱或蕾丝制成

✦ 提示词： portrait,face to camera, bridal_veil,1girl,school uniform

头带 headband

✦ 词语解析：头带可以用于固定发型、装饰头发

✦ 提示词： portrait,face to camera, headband,school uniform

头冠 tiara

✦ 词语解析：头冠是一种头饰，通常由金属、宝石等材料制成

✦ 提示词： portrait,face to camera, tiara,school uniform

头花环 head_wreath

✦ 词语解析：头花环是一种环状的装饰物，通常由鲜花、丝带等制成

✦ 提示词： portrait,face to camera, head_wreath,1girl,school uniform

毛边头饰 fur-trimmed_headwear

✦ 词语解析：毛边头饰具有一条或多条毛茸茸的边

✦ 提示词： portrait,face to camera, fur-trimmed_headwear,school uniform

头巾 bandana

✦ 词语解析：头巾是一种用于包裹头部的布制物品

✦ 提示词： portrait,face to camera, bandana,school uniform

头绳 hair_bobbles

✦ 词语解析： 头绳是一种用于束起头发的弹性绳

✦ 提示词： portrait,face to camera, hair_bobbles,1girl,school uniform

x 发饰 x_hair_ornament

✦ 词语解析： X 发饰可以很好地固定住部分头发

✦ 提示词： portrait,face to camera, x_hair_ornament,1girl,school uniform

褶边发带 frilled_hairband

✦ 词语解析： 褶边发带通常由织物材料制成，具有褶皱的设计

✦ 提示词： portrait,face to camera, frilled_hairband,1girl,school uniform

蕾丝边发带 lace-trimmed_hairband

✦ 词语解析： 蕾丝边发带是指由织物和蕾丝制成的较宽的带状发带

✦ 提示词： portrait,face to camera, lace-trimmed_hairband,1girl,school uniform

蝴蝶发饰 butterfly_hair_ornament

✦ 词语解析： 蝴蝶发饰是一种以蝴蝶为设计元素的饰品

✦ 提示词： portrait,face to camera, butterfly_hair_ornament, 1girl,school uniform

星星发饰 star_hair_ornament

✦ 词语解析： 星星发饰是一种以星星形状为设计元素的饰品

✦ 提示词： portrait,face to camera, star_hair_ornament,1girl,school uniform

青蛙发饰 frog_hair_ornament

✦ 词语解析： 青蛙发饰是一种以青蛙为设计元素的饰品

✦ 提示词： portrait,face to camera, frog_hair_ornament,1girl,school uniform

心形发饰 heart_hair_ornament

✦ 词语解析：心形发饰可以是发夹、发绳、发箍、发带等形式

✦ 提示词： portrait,face to camera, heart_hair_ornament,1girl,school uniform

锚形发饰 anchor_hair_ornament

- 词语解析：锚形发饰是一种以锚为设计元素的饰品，通常采用金属材质制作
- 提示词：portrait, face to camera, anchor_hair_ornament, 1girl, school uniform

蝙蝠发饰 bat_hair_ornament

- 词语解析：蝙蝠发饰是一种以蝙蝠及其翅膀为设计元素的饰品
- 提示词：portrait, face to camera, bat_hair_ornament, 1girl, school uniform

雪花发饰 snowflake_hair_ornament

- 词语解析：雪花发饰呈现出雪花的造型，多用于装饰头发
- 提示词：portrait, face to camera, snowflake_hair_ornament, 1girl, school uniform

草莓发饰 strawberry_hair_ornament

- 词语解析：草莓发饰是一种以草莓形状为设计元素的饰品，呈现出草莓的特征
- 提示词：portrait, face to camera, strawberry_hair_ornament, 1girl, school uniform

胡萝卜发饰 carrot_hair_ornament

✦ 词语解析：胡萝卜发饰呈现出胡萝卜的造型

✦ 提示词：portrait,face to camera, carrot_hair_ornament,1girl,school uniform

月牙发饰 crescent_hair_ornament

✦ 词语解析：月牙发饰呈现出月牙的造型，可以是发夹、发带等形式

✦ 提示词：portrait,face to camera, crescent_hair_ornament,1girl, school uniform

鱼形发饰 fish_hair_ornament

✦ 词语解析：鱼形发饰呈现出鱼的形状和特征

✦ 提示词：portrait,face to camera, fish_hair_ornament,1girl,school uniform

叶子发饰 leaf_hair_ornament

✦ 词语解析：叶子发饰呈现出叶片的形状和特征

✦ 提示词：portrait,face to camera, leaf_hair_ornament,1girl,school uniform

向日葵发饰 sunflower_hair_ornament

✦ 词语解析： 向日葵发饰是一种以向日葵为设计元素的饰品

✦ 提示词： portrait,face to camera, sunflower_hair_ornament,1girl,school uniform

发卡 hairpin

✦ 词语解析： 发卡是一种用于固定和装饰头发的饰品

✦ 提示词： portrait,face to camera, hairpin,1girl,school uniform

发圈 hair_scrunchie

✦ 词语解析： 发圈是一种用于扎头发的饰品

✦ 提示词： portrait,face to camera, hair_scrunchie,1girl,school uniform

骷髅发饰 skull_hair_ornament

✦ 词语解析： 骷髅发饰给人一种叛逆的感觉

✦ 提示词： portrait,face to camera, skull_hair_ornament,1girl,school uniform

十字发饰 cross_hair_ornament

→ 词语解析： 十字发饰以十字形状为设计元素

→ 提示词： portrait,face to camera, cross_hair_ornament,1girl,school uniform

发花 hair_flower

→ 词语解析： 发花是一种装饰头发的小花朵，可以增添人物的可爱

→ 提示词： portrait,face to camera, hair_flower,1girl,school uniform

兔子饰品 bunny_hair_ornament

→ 词语解析： 包括兔子耳朵形状的头饰、兔子图案的发饰、发夹等

→ 提示词： portrait,face to camera, bunny_hair_ornament,1girl,school uniform

熊印花头饰 bear_hair_ornament

→ 词语解析： 熊印花头饰具有熊的外形特征

→ 提示词： portrait,face to camera, bear_hair_ornament,1girl,school uniform

猫头鹰头饰 owl_ornament

- 词语解析： 猫头鹰头饰以猫头鹰的特征为设计元素
- 提示词： portrait,face to camera, owl_ornament,1girl,school uniform

三角头饰 triangular_headpiece

- 词语解析： 三角头饰是一种具有三角形形状的头饰
- 提示词： portrait,face to camera, triangular_headpiece,1girl, school uniform

魔女帽 witch_hat

- 词语解析： 魔女帽是指一种具有尖顶和宽檐的帽子
- 提示词： portrait,face to camera, witch_hat,1girl,school uniform

毛线帽 beanies

- 词语解析： 由毛线编织而成的帽子，具有保暖效果
- 提示词： portrait,face to camera, beanies,1girl,school uniform

小丑帽 jester_cap

➤ 词语解析： 小丑帽的侧边常常会翻起

➤ 提示词： portrait,face to camera, jester_cap,school uniform

高顶礼帽 top_hat

➤ 词语解析： 高顶礼帽具有高顶和宽檐的特点

➤ 提示词： portrait,face to camera, top_hat,school uniform

圆顶礼帽 bowler_hat

➤ 词语解析： 圆顶礼帽曾是英国绅士与文化的象征

➤ 提示词： portrait,face to camera, bowler_hat,school uniform

军帽 military_hat

➤ 词语解析： 军帽是各国军队中军人所佩戴的帽子

➤ 提示词： portrait,face to camera, military_hat

贝雷帽　beret

✦ 词语解析： 贝雷帽是一款圆形无檐软帽

✦ 提示词： portrait,face to camera, beret,school uniform

警察帽　police_hat

✦ 词语解析： 警察帽的帽顶上会有警徽

✦ 提示词： portrait,face to camera, police_hat

护士帽　nurse_cap

✦ 词语解析： 护士帽是护士的工作帽，也是护理职业的象征

✦ 提示词： portrait,face to camera, nurse_cap

厨师帽　chef_hat

✦ 词语解析： 厨师帽一般是高顶白色的

✦ 提示词： portrait,face to camera, chef_hat

校帽 school_hat

➢ 词语解析： 校帽通常是指学生戴的帽子，一般带有学校标识或徽章

➢ 提示词： portrait,face to camera, school_hat,school uniform

海盗帽 pirate_hat

➢ 词语解析： 海盗帽有宽而弯曲的檐，整个帽子呈三角形状

➢ 提示词： portrait,face to camera, pirate_hat,school uniform

渔夫帽 bucket_hat

➢ 词语解析： 渔夫帽的边缘窄且小，可以遮阳、防风

➢ 提示词： portrait,face to camera, bucket_hat,school uniform

安全帽 hardhat

➢ 词语解析： 安全帽是一款用于保护头部安全的帽子

➢ 提示词： portrait,face to camera, hardhat,school uniform

草帽 straw_hat

词语解析： 草帽一般是指用水草、席草等物编织而成的帽子，它有宽大的帽檐

提示词： portrait,face to camera, straw_hat,school uniform

动物帽 animal_hat

词语解析： 动物帽通常会模仿动物的头部特征，如动物的耳朵、眼睛等

提示词： portrait,face to camera, animal_hat,school uniform

毛皮帽 fur_hat

词语解析： 毛皮帽子使用动物的毛皮制作而成

提示词： portrait,face to camera, fur_hat,school uniform

碗状帽子 bowl_hat

词语解析： 碗状帽子类似于一个倒扣的碗，它具有较短的帽檐或没有帽檐

提示词： portrait,face to camera, bowl_hat,school uniform

带有缎带的帽子 hat_ribbon

✦ 词语解析：这种帽子装饰性较强，通常在帽子上附有一条或多条缎带

✦ 提示词： portrait,face to camera, hat_ribbon,school uniform

南瓜帽 pumpkin_hat

✦ 词语解析：南瓜帽的外观类似于南瓜

✦ 提示词： portrait,face to camera, pumpkin_hat,school uniform

报童帽 cabbie_hat

✦ 词语解析：报童帽有一个小小的帽舌

✦ 提示词： portrait,face to camera, cabbie_hat,school uniform

猫耳帽子 cat_hat

✦ 词语解析：猫耳帽子具有两个模仿猫耳朵的装饰物

✦ 提示词： portrait,face to camera, cat_hat,school uniform

牛仔帽 cowboy_hat

- 词语解析： 牛仔帽是一款具有西部牛仔风格的帽子，可以御风挡雨
- 提示词： portrait,face to camera, cowboy_hat,school uniform

带有蝴蝶结的帽子 hat_bow

- 词语解析： 通常在帽子的一侧附有一个或多个蝴蝶结，装饰性较强
- 提示词： portrait,face to camera, hat_bow,school uniform

棒球帽 baseball_cap

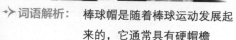

- 词语解析： 棒球帽是随着棒球运动发展起来的，它通常具有硬帽檐
- 提示词： portrait,face to camera, baseball_cap,school uniform

白色贝雷帽上的蝴蝶结 bowknot_over_white_beret

- 词语解析： 是指白色贝雷帽上有蝴蝶结的装饰
- 提示词： portrait,face to camera, bowknot_over_white_beret,school uniform

水手帽 sailor_hat

✦ 词语解析： 水手帽是一款圆顶，或带有短而小的帽檐的帽子

✦ 提示词： portrait,face to camera, sailor_hat,school uniform

圣诞帽 santa_hat

✦ 词语解析： 圣诞帽常用红色绒布制成，呈圆锥形，有白色的毛球装饰

✦ 提示词： portrait,face to camera, santa_hat,school uniform

带有羽毛的帽子 hat_feather

✦ 词语解析： 通常在帽子的一侧或顶部装饰有羽毛

✦ 提示词： portrait,face to camera, hat_feather,school uniform

带有花的帽子 hat_flower

✦ 词语解析： 通常在帽子的一侧或周围装饰有鲜花

✦ 提示词： portrait,face to camera, hat_flower,school uniform

兽耳头罩 animal_hood

✦ 词语解析： 兽耳头罩是一款带有动物耳朵造型的头罩或头套

✦ 提示词： portrait,face to camera, animal_hood,school uniform

兽角 horns

✦ 词语解析： 兽角装饰可以是各种动物的角，如鹿角、牛角、羊角等

✦ 提示词： portrait,face to camera, horns,school uniform

鹿角 antlers

✦ 词语解析： 鹿角装饰通常呈鹿角状

✦ 提示词： portrait,face to camera, antlers,school uniform

山羊角 goat_horns

✦ 词语解析： 山羊角装饰通常呈弯曲的山羊角形状

✦ 提示词： portrait,face to camera, goat_horns,school uniform

龙角 dragon_horns

✦ 词语解析： 龙角装饰可以是虚构的长而弯曲的龙角

✦ 提示词： portrait,face to camera, dragon_horns,school uniform

鬼角 oni_horns

✦ 词语解析： 鬼角是一种虚构的鬼形象的角状装饰物

✦ 提示词： portrait,face to camera, oni_horns,school uniform

头上有动物 animal_on_head

✦ 词语解析： 头上有动物是指在头部位置装饰有动物形象或动物元素的物品

✦ 提示词： portrait,face to camera, animal_on_head,school uniform

头上有鸟 bird_on_head

✦ 词语解析： 头上有鸟是指头部装饰有鸟的形象或鸟类元素

✦ 提示词： portrait,face to camera, bird_on_head,school uniform

头上趴着猫 cat_on_head

✦ 词语解析: 头上趴着猫是指头上有一只猫的形象作为装饰物

✦ 提示词: portrait, face to camera, cat_on_head, school uniform

头鳍 head_fins

✦ 词语解析: 头鳍是以动物的鳍为元素而设计的头饰

✦ 提示词: portrait, face to camera, head_fins, school uniform

光环 halo

✦ 词语解析: 光环常与神圣、美丽和荣耀等意象相关联

✦ 提示词: portrait, face to camera, halo, school uniform

头上有翅膀 head_wings

✦ 词语解析: 头上有翅膀是指在头部或头发上装饰有翅膀形状的元素

✦ 提示词: portrait, face to camera, head_wings, school uniform

装饰性头饰 headpiece

✦ 词语解析： 装饰性头饰可以采用不同的材质来增添个人风格

✦ 提示词： portrait,face to camera, headpiece,school uniform

头饰 headgear

✦ 词语解析： 头饰是一种装饰性的物品，用来塑造各种人物风格

✦ 提示词： portrait,face to camera, headgear,school uniform

头戴显示设备 head_mounted_display

✦ 词语解析： 指戴在头部的一种虚拟现实头盔或增强现实眼镜

✦ 提示词： portrait,face to camera, head_mounted_display,school uniform

蒙眼 blindfold

✦ 词语解析： 蒙眼是指一种遮挡眼睛的行为

✦ 提示词： portrait,face to camera, blindfold,school uniform

眼罩 eyepatch

▸ 词语解析: 眼罩是一种起到保护眼睛或遮挡作用的物品，可作为一种特殊的装饰物

▸ 提示词: portrait,face to camera, eyepatch,school uniform

口罩 mouth_mask

▸ 词语解析: 口罩是一种用于遮盖口鼻的面部保护物品

▸ 提示词: portrait,face to camera, mouth_mask,school uniform

骷髅面具 skull_mask

▸ 词语解析: 具有白色骷髅头骨的图案

▸ 提示词: portrait,face to camera, skull_mask,school uniform

鸟面具 bird_mask

▸ 词语解析: 鸟面具通常以鸟的外形特征作为设计元素

▸ 提示词: portrait,face to camera, bird_mask,school uniform

马面具 horse_mask

✦ 词语解析：马面具以马的面部特征作为设计元素

✦ 提示词：portrait, face to camera, horse_mask, school uniform

狐狸面具 fox_mask

✦ 词语解析：狐狸面具以狐狸的外形特征作为设计元素

✦ 提示词：portrait, face to camera, fox_mask, school uniform

鬼面具 oni_mask

✦ 词语解析：鬼面具通常具有吓人的外观，包括恶狠狠的嘴巴、扭曲的表情等

✦ 提示词：portrait, face to camera, oni_mask, school uniform

天狗面具 tengu_mask

✦ 词语解析：日本神话传说中的一种生物，其最大的特征是一张赤红色的脸和一个长长的鼻子

✦ 提示词：portrait, face to camera, tengu_mask, school uniform

第 5 章

人物动作

人物动作一般分为日常动作和战斗动作。日常动作包括走路、跑步、跳跃、挥手等平常的生活动作,通过肢体动作和身体语言等细节来打造与角色个性相符的动态形象。战斗动作是动漫作品中常见的元素,通过创造各种独特的战斗动作,如拳击、跳跃、躲避等,展示角色的战斗技能。

人物动作

人物动作是通过各种姿态来表现的，以展示人物的个性特点及推动故事情节的发展。

动势和姿态

这是塑造人物形象的重要元素，它们可以表达出角色的不同情感和心理状态。

行走和奔跑

行走和奔跑是最基本的动作，它们可以很好地展示角色的活力、速度和力量。不同的角色可能有不同的行走和奔跑风格，如轻盈、灵活的女性角色和沉稳、有力的男性角色。

攻击和战斗动作

在动漫作品中经常出现战斗场景，角色的攻击和战斗动作能够展示其战斗技巧和特殊能力。这包括近身格斗、武器格斗、特殊能力使用等动作，通过流畅而有力的动作，增加战斗场景的紧张感和视觉效果。

表演和互动动作

人物还会进行各种表演和互动动作,如舞蹈、手势、交谈等，这些动作能够很好地展示角色的个性特点、情感状态及社交能力。

站立 standing

- **词语解析：** 站立是指身体直立，重心位于双脚之间的姿势
- **提示词：** 4k,best quality,masterpiece,standing,school uniform,full body,smile

躺 on back

- **词语解析：** 躺是指将身体平放在一个水平的表面上，通常是指仰卧或侧卧的姿势
- **提示词：** 4k,best quality,masterpiece,on back,school uniform,full body,smile

趴 on stomach

✦ 词语解析： 趴是指人物面部朝下，胸部和腹部贴近地面的姿势

✦ 提示词： 4k,best quality,masterpiece,on stomach,school uniform, full body,1girl,smile

跪 kneeling

✦ 词语解析： 跪是指双膝着地，上半身保持直立或微微前倾的姿势

✦ 提示词： 4k,best quality,masterpiece,kneeling,school uniform, full body,1girl,smile

侧卧 on_side

✦✧ 词语解析： 侧卧是指身体侧躺在水平面上

✦✧ 提示词： 4k,best quality,masterpiece,on_side,school uniform, full body,1girl,smile

趴在地上并跷起脚 the_pose

✦✧ 词语解析： 这个描述是指身体趴在地面上，同时抬起或跷起腿部

✦✧ 提示词： 4k,best quality,masterpiece,the_pose,school uniform, full body,1girl,smile

身体前倾 leaning_forward

✦➤ 词语解析： 身体前倾是指身体向前倾斜

✦➤ 提示词： 4k,best quality,masterpiece,leaning_forward,school uniform, full body,1girl,smile

靠在一边 leaning_to_the_side

✦➤ 词语解析： 靠在一边是指身体倚靠在某物或某人的一侧

✦➤ 提示词： 4k,best quality,masterpiece,leaning_to_the_side,school uniform, full body,smile

向一侧倾斜身体 leaning to the side

✦ 词语解析： 向一侧倾斜身体是指身体向一个方向倾斜，同时还保持整体的平衡

✦ 提示词： 4k,best quality,masterpiece,leaning to the side,school uniform,1girl,full body,smile

靠在物体上 leaning_on_object

✦ 词语解析： 靠在物体上是指将身体紧贴或倚靠在某物上

✦ 提示词： 4k,best quality,masterpiece,leaning_on_object,school uniform, full body,smile

手插在口袋里 hand_in_pocket

✦ 词语解析： 手插在口袋里是指将手放置在衣物的口袋中

✦ 提示词： 4k,best quality,masterpiece,hand_in_pocket,school uniform,full body,smile

叉腰 hands_on_hips

✦ 词语解析： 叉腰是指将双手紧按在腰旁

✦ 提示词： 4k,best quality,masterpiece,hands_on_hips,school uniform,full body,1girl,smile

✦ 双手抬起 hands_up ✦

✦ 词语解析： 双手抬起是指将两只手同时抬起

✦ 提示词： 4k,best quality,masterpiece,hands_up,school uniform,full body,1girl,smile

✦ 招手 waving ✦

✦ 词语解析： 招手是指手部做出挥动的动作，通常是向他人示意或打招呼

✦ 提示词： 4k,best quality,masterpiece,waving,school uniform,full body,smile

举起双臂 arms_up

✦ 词语解析： 举起双臂是指将双臂从身体两侧抬高

✦ 提示词： 4k,best quality,masterpiece,arms_up,school uniform,full body,1girl,smile

手埋进头发里 hand_in_hair

✦ 词语解析： 手埋进头发里是指将手插入头发中，通常用于表达紧张、焦虑、犹豫或害羞的情感

✦ 提示词： 4k,best quality,masterpiece,hand_in_hair,school uniform,full body,1girl,smile

优雅地提裙子 skirt_hold

- **词语解析：** 优雅地提裙子是指以优雅的方式将裙子提起
- **提示词：** 4k,best quality,masterpiece,skirt_hold,school uniform,full body,1girl,smile

蹲下 squatting

- **词语解析：** 蹲下是指屈膝使身体保持低姿态的动作
- **提示词：** 4k,best quality,masterpiece,squatting,school uniform,full body,1girl,smile

斜倚 reclining

✦✧ 词语解析： 斜倚是指身体向一侧倾斜

✦✧ 提示词： 4k,best quality,masterpiece,reclining,school uniform, full body,1girl,smile

身体往后靠 leaning_back

✦✧ 词语解析： 身体往后靠是指将身体向后倾斜或倾靠

✦✧ 提示词： 4k,best quality,masterpiece,leaning_back,school uniform, full body,smile

手托着头 head_rest

◆✦ 词语解析： 手托着头是指用手掌支撑住头部

◆✦ 提示词： 4k,best quality,masterpiece,head_rest,school uniform,full body,1girl,smile

吸吮手指 finger_sucking

◆✦ 词语解析： 吸吮手指是指将手指放入口中

◆✦ 提示词： 4k,best quality,masterpiece,finger_sucking,school uniform,full body,1girl,smile

萌向的内八腿 pigeon-toed

✦ 词语解析： 萌向内八是指人在站立时膝盖向内并靠近，形成腿部向内收拢的姿势

✦ 提示词： 4k,best quality,masterpiece,pigeon-toed,school uniform,full body,1girl,smile

衣服滑落 cloth_slip

✦ 词语解析： 衣服滑落是指外套或肩带式衣物从肩膀处滑落下来

✦ 提示词： 4k,best quality,masterpiece,cloth_slip,school uniform,full body,1girl,smile

泡脚 soaking_feet

◆➤ 词语解析： 泡脚是指将脚浸泡在水中

◆➤ 提示词： 4k,best quality,masterpiece,soaking_feet,school uniform,full body,1girl,smile

裸足 barefoot

◆➤ 词语解析： 裸足是指人物没有穿着鞋袜

◆➤ 提示词： 4k,best quality,masterpiece,barefoot,school uniform,full body,1girl,smile

二郎腿 crossed_legs

✦ 词语解析： 二郎腿是指将一条腿交叉放在另一条腿上

✦ 提示词： 4k,best quality,masterpiece,crossed_legs,school uniform,full body,1girl,smile

摆姿势 posing

✦ 词语解析： 摆姿势是指为了表达某种意图而特意调整身体姿势

✦ 提示词： 4k,best quality,masterpiece,posing,school uniform, full body,1girl,smile

修长的腿 long_legs

✦✧ 词语解析： 修长的腿是指长而纤细的腿部

✦✧ 提示词： 4k,best quality,masterpiece,long_legs,school uniform,full body,1girl,smile

两腿并拢 legs_together

✦✧ 词语解析： 两腿并拢是指将两条腿紧紧地并在一起

✦✧ 提示词： 4k,best quality,masterpiece,legs_together,school uniform,full body,1girl,smile

追逐 chasing

✦➤ 词语解析： 追逐是指追赶或追捕某人或某物

✦➤ 提示词： 4k,best quality,masterpiece,chasing,school uniform,full body,1girl,smile

攀爬 climbing

✦➤ 词语解析： 攀爬是指抓住东西往上爬

✦➤ 提示词： 4k,best quality,masterpiece,climbing,school uniform, full body

旋转 spinning

◆ 词语解析： 旋转是指身体围绕某个中心点或轴线进行旋转运动

◆ 提示词： 4k,best quality,masterpiece,spinning,school uniform, full body,1girl,smile

飞踢 flying_kick

◆ 词语解析： 飞踢是指将脚快速向前踢出，常用于攻击对手或者进行防守

◆ 提示词： 4k,best quality,masterpiece,flying_kick,school uniform,school uniform,full body,1girl,smile

战斗姿态 fighting_stance

✦ 词语解析: 战斗姿态是指一种战斗或防御的状态

✦ 提示词: 4k,best quality,masterpiece,fighting_stance,school uniform,full body,1girl,smile

跳舞 dancing

✦ 词语解析: 跳舞是指以音乐为伴，通过身体动作来表达自己的情感

✦ 提示词: 4k,best quality,masterpiece,dancing,school uniform,full body,1girl,smile

吹 blowing

- 词语解析： 吹是指合拢嘴唇用力出气的动作
- 提示词： 4k,best quality,masterpiece,blowing,school uniform,full body,1girl,smile

吹泡泡 bubble_blowing

- 词语解析： 吹泡泡是人人都非常喜欢的一类游戏
- 提示词： 4k,best quality,masterpiece,bubble_blowing,school uniform,full body,1girl,smile

咬 biting

- 词语解析： 咬是指用牙齿来咬住物体
- 提示词： 4k,best quality,masterpiece,biting,school uniform,full body,1girl,smile

吃 eating

- 词语解析： 吃是指咀嚼和吞咽的一个过程
- 提示词： 4k,best quality,masterpiece,eating,school uniform,full body,1girl,smile

喝 drinking

- ◆ 词语解析： 喝是指摄入液体的一个过程
- ◆ 提示词： 4k,best quality,masterpiece,drinking,school uniform,full body,smile

浴后擦干 drying

- ◆ 词语解析： 浴后擦干是指在洗完澡后，使用毛巾将身体或头发擦干
- ◆ 提示词： 4k,best quality,masterpiece,drying,school uniform,full body,male,smile

哭 crying

✦ 词语解析： 哭是指人因悲伤或激动而流出眼泪

✦ 提示词： 4k,best quality,masterpiece,crying,school uniform,full body,smile

擦眼泪 wiping_tears

✦ 词语解析： 擦眼泪是指用手或纸巾轻轻地拭去眼泪

✦ 提示词： 4k,best quality,masterpiece,wiping_tears,school uniform,full body,1girl,smile

敬礼 salute

✦ 词语解析： 敬礼是一种表示尊敬或致意的动作

✦ 提示词： 4k,best quality,masterpiece,salute,school uniform,full body,smile

拥抱 cuddling

✦ 词语解析： 拥抱是指紧紧地抱住某人或某物，表达亲密、关爱的情感

✦ 提示词： 4k,best quality,masterpiece,cuddling,school uniform, full body,smile

拖拽 dragging

- 词语解析： 拖拽是指用力将物体拉动或拖动
- 提示词： 4k,best quality,masterpiece,dragging,school uniform,full body,smile

打扫 cleaning

- 词语解析： 打扫是指清理某个区域
- 提示词： 4k,best quality,masterpiece,cleaning,school uniform, full body,1girl,smile

对着玻璃 against_glass

✦ 词语解析： 对着玻璃是指面对玻璃或靠近玻璃的某个姿势

✦ 提示词： 4k,best quality,masterpiece,against_glass,school uniform, full body,1girl,smile

烹饪 cooking

✦ 词语解析： 烹饪是指准备食物后将食材进行加工

✦ 提示词： 4k,best quality,masterpiece,cooking,school uniform, full body,smile

钓鱼 fishing

✦ 词语解析： 钓鱼是一种休闲活动，使用到的主要工具有钓竿、鱼饵等

✦ 提示词： 4k,best quality,masterpiece,fishing,school uniform,full body,1girl,smile

踢足球 soccer

✦ 词语解析： 踢足球是一项流行的体育运动，目标是将足球踢进对方的球门以获得分数

✦ 提示词： 4k,best quality,masterpiece,soccer,school uniform,1girl,full body,smile

购物 shopping

- 词语解析：购物是指购买货品或服务
- 提示词：4k,best quality,masterpiece,shopping,full body,smile

瞄准 aiming

- 词语解析：瞄准是指将目光或注意力集中在目标上，准备进行精准的射击
- 提示词：4k,best quality,masterpiece,aiming,school uniform,full body,1girl,smile

射击 firing

◆ 词语解析： 射击是指使用枪械、弓箭或其他射击武器向目标发射子弹、箭矢或其他投射物的行为

◆ 提示词： 4k,best quality,masterpiece,firing,school uniform,full body,smile

双持 dual_wielding

◆ 词语解析： 双持是指使用两只手同时拿着或操作两个物体或工具

◆ 提示词： 4k,best quality,masterpiece,dual_wielding,school uniform,full body,1girl,smile

战斗 fighting

✦➤ 词语解析: 战斗是指在战斗或搏斗时所采取的身体姿势或体位

✦➤ 提示词: 4k,best quality,masterpiece,fighting,school uniform,full body,1girl,smile

喷火 breathing_fire

✦➤ 词语解析: 喷火是指从口中或其他喷火器中喷射出火焰或火花

✦➤ 提示词: 4k,best quality,masterpiece,breathing_fire,school uniform,full body,1girl,smile

浮在水上 afloat

◆➤ 词语解析： 浮在水上是指身体在水中漂浮或悬浮，不沉没于水中

◆➤ 提示词： 4k,best quality,masterpiece,afloat,school uniform,full body,smile

躺在湖面上 lying_on_the_lake

◆➤ 词语解析： 躺在湖面上是指身体平躺在湖水的表面上

◆➤ 提示词： 4k,best quality,masterpiece,lying_on_the_lake,school uniform,full body,smile

做梦 dreaming

♦ 词语解析： 做梦是指在睡眠过程中经历的虚构场景、图像和故事

♦ 提示词： 4k,best quality,masterpiece,dreaming,school uniform,full body,1girl,smile

流血 bleeding

♦ 词语解析： 流血是指血液从破损的血管或伤口中流出

♦ 提示词： 4k,best quality,masterpiece,bleeding,school uniform, full body,1girl

扶眼镜 adjusting_eyewear

◆ 词语解析： 扶眼镜是指用手轻轻地调整眼镜框，使其处于适当的位置

◆ 提示词： 4k,best quality,masterpiece,adjusting_eyewear,school uniform,full body,1girl,smile

举重 weightlifting

◆ 词语解析： 举重是一项重量训练，通过提起或推举举重杠铃或哑铃来锻炼身体

◆ 提示词： 4k,best quality,masterpiece,weightlifting,school uniform,full body,1girl,smile

抱着动物 holding_animal

✦✦ 词语解析： 抱着动物是指将动物紧紧地抱在怀中或搂于双臂之中

✦✦ 提示词： 4k,best quality,masterpiece,holding_animal,school uniform,full body,smile

端着碗 holding_bowl

✦✦ 词语解析： 端着碗是指用手托住碗或盛物的容器，并保持平衡

✦✦ 提示词： 4k,best quality,masterpiece,holding_bowl,school uniform,full body,1girl,smile

拿着盒子 holding_box

✦➤ 词语解析： 拿着盒子是指用手握住或托住盒子

✦➤ 提示词： 4k,best quality,masterpiece,holding_box,school uniform,full body,smile

打扑克牌 playing_card

✦➤ 词语解析： 打扑克牌是指参加玩扑克牌的游戏

✦➤ 提示词： 4k,best quality,masterpiece,playing_card,school uniform,full body,1girl,smile

拿着球 holding_ball

✦ 词语解析： 拿着球是指用手握住球并保持控制

✦ 提示词： 4k,best quality,masterpiece,holding_ball,school uniform,full body,1girl,smile

拿着玩偶 holding_doll

✦ 词语解析： 拿着玩偶是指用手握住或抱住玩偶

✦ 提示词： 4k,best quality,masterpiece,holding_doll,school uniform,full body,1girl,smile

拿着箭 holding_arrow

✦➤ 词语解析： 拿着箭是指用手握住箭矢

✦➤ 提示词： 4k,best quality,masterpiece,holding_arrow,school uniform,full body,1girl,smile

拿着泳圈 holding_innertube

✦➤ 词语解析： 拿着泳圈是动漫作品中常见的动作

✦➤ 提示词： 4k,best quality,masterpiece,holding_innertube,school uniform,full body,1girl,smile

拿着瓶子 holding_bottle

✦➤ 词语解析： 拿着瓶子是指用手握住瓶子

✦➤ 提示词： 4k,best quality,masterpiece,holding_bottle,school uniform,full body,1girl,smile

拿着花 holding_flower

✦➤ 词语解析： 拿着花是指用手握住花朵或花束

✦➤ 提示词： 4k,best quality,masterpiece,holding_flower,school uniform,full body,smile

✦➤ 拿着乐器 holding_instrument ✦➤

✦➤ 词语解析： 这种动作常见于乐器演奏或音乐表演中

✦➤ 提示词： 4k,best quality,masterpiece,holding_instrument,school uniform,full body,smile

✦➤ 拿着食物 holding_food ✦➤

✦➤ 词语解析： 拿着食物是指用手拿住食物并保持不掉落

✦➤ 提示词： 4k,best quality,masterpiece,holding_food,school uniform,full body,smile

拿着树叶 holding_leaf

✦✧ 词语解析： 这种动作常见于采集、观察等活动中

✦✧ 提示词： 4k,best quality,masterpiece,holding_leaf,school uniform,full body,smile

拿着棒棒糖 holding_lollipop

✦✧ 词语解析： 拿着棒棒糖是指用手握住棒棒糖

✦✧ 提示词： 4k,best quality,masterpiece,holding_lollipop,school uniform,full body,1girl,smile

拿着面具 holding_mask

✦ 词语解析： 拿着面具是指用手握住面具

✦ 提示词： 4k,best quality,masterpiece,holding_mask,school uniform,full body,smile

拿着麦克风 holding_microphone

✦ 词语解析： 拿着麦克风是指用手握住麦克风，这种动作常见于演讲、表演或录音中

✦ 提示词： 4k,best quality,masterpiece,holding_microphone,school uniform,full body,smile

手拿画笔 holding_paintbrush

✦ 词语解析： 手拿画笔是指用手握住画笔，通常见于绘画等艺术创作中

✦ 提示词： 4k,best quality,masterpiece,holding_paintbrush,school uniform,full body,smile

拿着手机 holding_phone

✦ 词语解析： 拿着手机是指用手握住手机

✦ 提示词： 4k,best quality,masterpiece,holding_phone,school uniform,full body,smile

抱着枕头 holding_pillow

✦➤ 词语解析： 抱着枕头是指用手臂搂住枕头

✦➤ 提示词： 4k,best quality,masterpiece,holding_pillow,school uniform,full body,smile

拿着比萨 holding_pizza

✦➤ 词语解析： 拿着比萨是指用手握住比萨

✦➤ 提示词： 4k,best quality,masterpiece,holding_pizza,school uniform,full body,smile

拎着包 holding_sack

◆ **词语解析**：拎着包是指用手提起包

◆ **提示词**：4k,best quality,masterpiece,holding_sack,school uniform,full body,smile

手持镰刀 holding_scythe

◆ **词语解析**：手持镰刀是指用手握住镰刀

◆ **提示词**：4k,best quality,masterpiece,holding_scythe,school uniform,full body,smile

手持盾牌 holding_shield

✦ 词语解析： 手持盾牌是指用手握住盾牌，这种动作常见于战斗、防御中

✦ 提示词： 4k,best quality,masterpiece,holding_shield,school uniform,full body,smile

手持招牌 holding_sign

✦ 词语解析： 手持招牌是指用手举着招牌

✦ 提示词： 4k,best quality,masterpiece,holding_sign,school uniform,full body,1girl,smile

阅读 reading

✦ 词语解析： 阅读是指从书籍、文章、杂志等视觉材料中获取信息和知识

✦ 提示词： 4k,best quality,masterpiece,reading,school uniform,full body,smile

拿着汤勺 holding_spoon

✦ 词语解析： 拿着汤勺是指用手握住汤勺

✦ 提示词： 4k,best quality,masterpiece,holding_spoon,school uniform,full body,1girl,smile

手持法杖 holding_staff

✦➤ 词语解析： 手持法杖是指用手握住法杖

✦➤ 提示词： 4k,best quality,masterpiece,holding_staff,school uniform,full body,1girl,smile

抱着毛绒玩具 holding_stuffed_animal

✦➤ 词语解析： 抱着毛绒玩具是指用双臂紧紧搂住毛绒玩具并将其抱在怀中

✦➤ 提示词： 4k,best quality,masterpiece,holding_stuffed_animal,school uniform,full body,smile

手持注射器 holding_syringe

✦✧ 词语解析： 手持注射器是指用手握住注射器

✦✧ 提示词： 4k,best quality,masterpiece,holding_syringe,school uniform,full body,smile

拿着毛巾 holding_towel

✦✧ 词语解析： 拿着毛巾是指手持毛巾这个动作

✦✧ 提示词： 4k,best quality,masterpiece,holding_towel,school uniform,full body,smile

托着盘子 holding_tray

✦ 词语解析： 托着盘子这个动作常见于餐厅等场景中

✦ 提示词： 4k,best quality,masterpiece,holding_tray,school uniform,full body,1girl,smile

撑伞 holding_umbrella

✦ 词语解析： 撑伞是指用手持住伞柄并将伞展开

✦ 提示词： 4k,best quality,masterpiece,holding_umbrella,school uniform,full body,smile

提篮子 holding_basket

◆ 词语解析： 提篮子是指用手握住篮子的柄，并将篮子提起

◆ 提示词： 4k,best quality,masterpiece,holding_basket,school uniform,full body,1girl,smile

手持杯子 holding_cup

◆ 词语解析： 手持杯子是指用手握住杯子

◆ 提示词： 4k,best quality,masterpiece,holding_cup,school uniform,full body,smile

手持卡片 holding_card

✦➤ 词语解析： 手持卡片是指用手拿捏住卡片，通常用于展示、传递或读取卡片上的信息

✦➤ 提示词： 4k,best quality,masterpiece,holding_card,school uniform,full body,1girl,smile,

手持旗帜 holding_flag

✦➤ 词语解析： 手持旗帜是指用手握住旗帜

✦➤ 提示词： 4k,best quality,masterpiece,holding_flag,school uniform,full body,smile

拿扇子 holding_fan

✦➤ 词语解析： 拿扇子是指用手持住扇子

✦➤ 提示词： 4k,best quality,masterpiece,holding_fan,school uniform,full body,1girl,smile

拿水果 holding_fruit

✦➤ 词语解析： 拿水果是指用手持住水果

✦➤ 提示词： 4k,best quality,masterpiece,holding_fruit,school uniform,full body,smile

手拿摄像机 holding_camera

✦ 词语解析： 手拿摄像机是指用手持住摄像机，这种动作常见于拍摄或录制视频的活动中

✦ 提示词： 4k,best quality,masterpiece,holding_camera,school uniform,full body,smile

助威 cheering

✦ 词语解析： 助威是指通过口号或动作来支持或鼓舞某个人、某个团队

✦ 提示词： 4k,best quality,masterpiece,cheering,school uniform,full body,1girl,smile

猫爪手势 cat_pose

✦ 词语解析： 猫爪手势是指将手弯曲成猫爪的样子

✦ 提示词： 4k,best quality,masterpiece,cat_pose,school uniform,full body,1girl,smile

单手搂着 arm_around_neck

✦ 词语解析： 单手搂着是指用一只手臂搂住他人

✦ 提示词： 4k,best quality,masterpiece,arm_around_neck,school uniform,full body,smile

手上的鸟 bird_on_hand

◆ 词语解析： 手上的鸟是指将手展开，让鸟停留在手上

◆ 提示词： 4k,best quality,masterpiece,bird_on_hand,school uniform,full body,1girl,smile

手持手电筒 flashlight

◆ 词语解析： 手持手电筒是指用手握住手电筒，通常用于照亮暗处

◆ 提示词： 4k,best quality,masterpiece,flashlight,school uniform,full body,smile

持手榴弹 grenade

✦ 词语解析： 持手榴弹是指用手握住手榴弹

✦ 提示词： 4k,best quality,masterpiece,grenade,school uniform,full body,smile

手持镜子 hand_mirror

✦ 词语解析： 这个动作通常用于观察自己的面部，并进行化妆

✦ 提示词： 4k,best quality,masterpiece,hand_mirror,school uniform,full body,1girl,smile

手上套着玩偶 hand_puppet

➤ 词语解析： 手上套着玩偶是指将玩偶戴在手上

➤ 提示词： 4k,best quality,masterpiece,hand_puppet,school uniform,full body,1girl,smile

整理帽子 adjusting_hat

➤ 词语解析： 整理帽子是指用手调整帽子的位置、角度或形状，以确保帽子的外观

➤ 提示词： 4k,best quality,masterpiece,adjusting_hat,school uniform,full body,1girl,smile

手提包 handbag

✦ 词语解析： 手提包是一款随身携带以装轻便东西的拎包

✦ 提示词： 4k,best quality,masterpiece,handbag,school uniform,full body,smile

拿着手鼓 tambourine

✦ 词语解析： 拿着手鼓是指用手持住手鼓

✦ 提示词： 4k,best quality,masterpiece,tambourine,school uniform,full body,1girl,smile

驾驶 driving

✦ 词语解析： 驾驶是指操控车辆或交通工具，使其按照所需的方向和速度行驶

✦ 提示词： 4k,best quality,masterpiece,driving,school uniform,full body,smile

坐在楼梯上 sitting_on_stairs

✦ 词语解析： 坐在楼梯上是指在楼梯的阶梯上坐下来

✦ 提示词： 4k,best quality,masterpiece,sitting_on_stairs,school uniform,full body,smile

坐在岩石上 sitting_on_rock

✦ 词语解析： 坐在岩石上是指在岩石表面坐下来

✦ 提示词： 4k,best quality,masterpiece,sitting_on_rock,school uniform,full body,1girl,smile

坐在床上 sitting_on_bed

✦ 词语解析： 坐在床上是指在床上坐下来

✦ 提示词： 4k,best quality,masterpiece,sitting_on_bed,school uniform,full body,1girl,smile

蝴蝶翅膀 butterfly_wings

✦ 词语解析： 这是一个以蝴蝶翅膀为设计元素的装饰物

✦ 提示词： 4k,best quality,masterpiece,butterfly_wings,school uniform,full body,1girl,smile

迷你翅膀 mini_wings

✦ 词语解析： 迷你翅膀是指相对较小的翅膀

✦ 提示词： 4k,best quality,masterpiece,mini_wings,school uniform,full body,1girl,smile

仙女翅膀 fairy_wings

◆ 词语解析： 仙女翅膀是指想象中仙女所拥有的翅膀

◆ 提示词： 4k,best quality,masterpiece,fairy_wings,school uniform,full body,1girl,smile

大翅膀 large_wings

◆ 词语解析： 大翅膀是指相对较大的翅膀，通常用于描述拥有巨大翅膀的生物或虚构角色

◆ 提示词： 4k,best quality,masterpiece,large_wings,school uniform,full body,1girl,smile

公主抱 princess_carry

✦➤ 词语解析： 公主抱是一种动作，通常指男主人公用双臂将女主人公抱起

✦➤ 提示词： 4k,best quality,masterpiece,princess_carry,full body

紧握双手 interlocked fingers

✦➤ 词语解析： 紧握双手是指双手紧紧地握在一起

✦➤ 提示词： 4k,best quality,masterpiece,interlocked fingers,full body